Germanistische
Arbeitshefte 6

Herausgegeben von Otmar Werner und Franz Hundsnurscher

Hans Jürgen Heringer

Formale Logik und Grammatik

Max Niemeyer Verlag
Tübingen 1972

ISBN 3-484-25005-4

INHALT

0.0 Vorwort

Dieses Skript wurde benutzt als Teil einer Einführung in die Linguistik. Seine Notwendigkeit ergibt sich aus der Überlegenheit formaler linguistischer Theorien gegenüber anderen. Seine Absicht ist es, den Linguisten zu bewahren vor der Esoterik seiner Theorien, die durch das weitgehende Unverständnis gegenüber formalen Theorien bedingt und verstärkt wird. Dies ist besonders für eine Sozialwissenschaft eine Gefahr, da ihre Wirkung in ihrer weiten Verbreitung besteht.
Außerdem soll es andeuten, welche noch ungenutzten Möglichkeiten formale Beschreibungssprachen in der Linguistik bieten und damit Anreiz zur weiteren Beschäftigung mit formalen Sprachen geben. Jedenfalls scheint mir die in weiteren Kreisen bekanntgewordene formale Grammatik in der Art von Chomsky nur ein Beispiel für die Möglichkeiten der Verwendung formaler Sprachen zu sein.
Das Skript kann nicht allein als Einführung in die Linguistik benutzt werden, da es als Ergänzung die Kenntnis unformaler linguistischer Theorien braucht. Autodidaktisch wird es darum auch nur für den brauchbar sein, der bereits linguistische Theorien kennt. Es bleibt aber nicht Fortgeschrittenen vorbehalten, sondern sollte sofort in einer ersten Einführung mitbenutzt werden. Denn es scheint mir kein gutes didaktisches Prinzip dasjenige zu sein, daß man zuerst einmal alle älteren und weniger guten Theorien kennen müsse, um dann auch bessere, neuere und formale Theorien verstehen zu können.

0.1 Einleitung

Dieses Skript gibt keine zusammenhängende Einführung in die formale Logik oder in formale Sprachen linguistischer Beschreibungen. Es stellt vielmehr in der losen Form eines Albums einige besonders wichtige Teile formaler Sprachen dar und legt dabei den Hauptwert auf ihre Verwendbarkeit in linguistischen Beschreibungen. Zu diesem Zweck sind meistens empirische Beispiele aus der Linguistik gewählt und als Teil der Darstellung Aufgaben gegeben, in denen die Anwendung dieser Teile formaler Sprachen in linguistischen Beschreibungen geübt wird. Naturgemäß entsteht dadurch eine Mischung allgemeiner und sehr spezieller Teile formaler Sprachen.
Zur Vertiefung, zur Beurteilung und Konstruktion anderer Kalküle sollten weitergehende Einführungen in die formale Logik und Automatentheorie benutzt werden, von denen einige im Literaturverzeichnis genannt sind. Die schwierigen sind durch "*" gekennzeichnet.

0.2 Der Wert formaler Sprachen für die Linguistik

Die Linguistik ist eine empirische Wissenschaft. Sie macht empirische Theorien, d. s. strukturierte Mengen von behauptenden Sätzen, über bestehende natürliche Sprachen. Eine Theorie ist nur dann zufriedenstellend, wenn sie nur wahre Sätze enthält. Die Wahrheit oder Falschheit der Sätze kann festgestellt werden durch geeignete Methoden der Überprüfung. Entgegen diesem Gebrauch von *Theorie* wird *Theorie* oder *theoretisch* häufig für Aussagen und Überlegungen über Theorien in unserem Sinn gebraucht. Dafür sollte man *Metatheorie* und *metatheoretisch* gebrauchen.
Im allgemeinen werden an wissenschaftlichen Theorien folgende Anforderungen gestellt:

(i) Sie sollen widerspruchsfrei (a. konsistent) sein.
(ii) Sie sollen angemessen (a. adäquat) sein.
(iii) Sie sollen explizit sein.
(iv) Sie sollen einfach sein.

Die bewertenden Adjektive aus (ii), (iii), (iv) sind wie Komparative zu verstehen, weil es keinen absoluten Maßstab gibt, an dem eine Theorie gemessen werden könnte. Denn wir haben keinen unmittelbaren Zugang zu der Welt, von der die Theorien handeln. Dieser Zugang ist immer nur über eine Theorie möglich. Darum können die Anforderungen (ii)-(iv) immer nur durch Vergleich mit anderen Theorien nachgeprüft werden. So erhält man Sätze wie *die Theorie T_1 ist einfacher als T_2, weil...* Eine etwas andre Rolle in der

Bewertung von Theorien spielt das Adjektiv *widerspruchsfrei*. Es bezieht sich nicht direkt auf die beschriebenen Sachverhalte, sondern auf die logische Form des Zusammenhangs der theoretischen Sätze. Die Widerspruchsfreiheit kann deshalb ohne direkte Anwendung der theoretischen Sätze festgestellt werden. Widersprüche sind in Theorien zu vermeiden, weil (i) zwei sich widersprechende Sätze nicht beide wahr sein können, so daß die Theorie also mindestens einen unwahren Satz enthalten muß, und weil man (ii) aus einem Widerspruch jeden beliebigen Satz der Beschreibungssprache folgern kann.
Die Sätze einer Theorie sind formuliert in einer Sprache, die wir Beschreibungssprache nennen. Je nach ihrem Aufbau wird uns eine Beschreibungssprache die Nachprüfbarkeit von (i)-(iv) erleichtern und uns damit zu stärkeren Theorien verhelfen. Es hat sich gezeigt, daß Beschreibungssprachen, die nach bestimmten Prinzipien konstruiert sind, z.B. denen der formalen Logik, besonders starke Theorien ermöglichen. Darum ist es auch für die Linguistik wichtig, ihre Theorien in formalen Beschreibungssprachen zu formulieren, die sie übersichtlicher und leichter nachprüfbar machen.
Logik und Mathematik sind für die Linguistik in zweifacher Weise von Bedeutung geworden: (i) als eine Art Universalsprache, mit der man natürliche Sprachen beschreibt, indem man deren Sätze in logische übersetzt, (ii) als Vorbild für Aufbau und Entwicklung linguistischer Theorien und Beschreibungssprachen.
Wenn man nur den ersten Aspekt beachtet, führt das zu sehr verkürzten linguistischen Theorien, da in ihnen die Logik als eine vorgegebene, allgemeingültige Universalsprache für linguistische Beschreibungen angenommen wird. Eine solche Beschränkung ist aber für die Linguistik besonders dubios, da man die Logik als eine von den natürlichen Sprachen, d.h. den Objekten der Linguistik, abgeleitete Sprache ansehen kann. Daraus entspringt einerseits die Möglichkeit eines unangenehmen Zirkels der Art, daß der Maßstab, den man mit einer logischen Beschreibungssprache an natürliche Sprachen anlegt, letztlich durch diese Sprachen gegeben ist. Andrerseits wird fraglich, wie eine solche Logik als verkürzte natürliche Sprache überhaupt genügen kann, um natürliche Sprachen zu beschreiben. Ein Beispiel hierfür wäre der Versuch, in die linguistische Theorie den Terminus *Eigenname* einzuführen, indem man ihn anwendet auf genau alle sprachlichen Einheiten, die in logische Eigennamen übersetzbar sind. Da ein logischer Eigenname definiert ist als Ausdruck, der genau ein Objekt bezeichnet, wäre z.B. *Sonne* ein Eigenname nach dieser Theorie. Obwohl ein solches Verfahren durchaus hilfreich sein kann zur Ermittlung sprachlicher Zusammenhänge, kann seine alleinige Verwendung wichtige sprachliche Zusammenhänge verdecken, etwa daß sich *Sonne* syntaktisch anders verhält als *Paris, Anna,* die in der Logik auch als Eigennamen angesehen werden. Dagegen zeigt die Auffassung der Logik als einer bestimmten Sprache oder mehrerer logischer Sprachen deutlich, daß die Linguistik auch die Logik zu ihrem Objekt haben müßte oder wenigstens - wenn man hier eine irgendwie begründete Trennung der Objektbereiche einführen will -

aus dem Aufbau und der Entwicklung der logischen Sprachen Erkenntnisse für ihr eigenes Verfahren schöpfen könnte. Wir wären dann in der günstigen Lage, daß die Linguistik auch ihre eigene Beschreibungssprache kritisch reflektieren könnte.
Im folgenden wird der Hauptwert gelegt auf die Verwendung logischer Sprachen zur Konstruktion von Beschreibungssprachen, die für die Linguistik im Sinn von (ii) brauchbar sind.
Da über die Konstruktion solcher Sprachen Rechenschaft abgelegt wird, erreicht dieses Verfahren einen höheren Reflexionsstand und eine bessere Einsicht in die Relativität von Theorien, als die selbstverständliche Verwendung einer nicht hintergehbaren Umgangssprache.

0.3 Methoden der Verwendung formaler Sprachen

Die bekannteste Art der Verwendung logischer Sprachen in den empirischen Wissenschaften ist die Axiomatisierung. Sie besteht darin, daß man von einer endlichen Anzahl von grundlegenden Sätzen, sog. Axiomen, ausgeht, aus denen man aufgrund logischer Schlußregeln alle übrigen Sätze der Theorie herleiten (a. deduzieren) kann. Eine solche Theorie hat den Vorteil, daß sie unnötiges Beiwerk vermeidet und von jedem anerkannt werden muß, der die Axiome und die Schlußregeln anerkennt. Außerdem hängen die Sätze einer solchen Theorie streng zusammen. Es ist darauf hinzuweisen, daß axiomatisierte Theorien entgegen einer weitverbreiteten Ansicht sehr wohl empirisch sein können.
Genauer besteht eine axiomatisierte Theorie aus drei Komponenten: (i) Syntaktische Regeln (für alle möglichen Sätze), (ii) Axiome, (iii) Deduktionsregeln. Die syntaktischen Regeln definieren die Beschreibungssprache, in der die Sätze der Theorie formuliert werden können. Da eine Theorie eine Untermenge der Sätze dieser Sprache ist, nämlich die der wahren Sätze, muß diese Menge aus der Menge der möglichen Sätze charakterisiert werden. Das geschieht mittels der (wahren) Axiome und den Deduktionsregeln. Da verschiedene Theorien auch verschiedene syntaktische und deduktive Mittel brauchen können, erweist es sich als sinnvoll, die Mittel unabhängig von den Theorien zu untersuchen, wie es in der Logik geschieht. Daraus ergibt sich auch ihr Sinn für empirische Theorien. Eine andere Art der Verwendung formaler Sprachen ist die in Modellen. Sie geht etwa so vor sich: Gegeben sei eine formalisierte oder axiomatisierte Theorie T_1 über einen beliebigen Objektbereich und eine nicht-formale Theorie T_2 über den Objektbereich der Untersuchung. Nun bemerkt man einige strukturelle Ähnlichkeiten zwischen T_1 und T_2 und versucht deshalb, die gesamte Form von T_1 auf T_2 zu übertragen, indem man das Relationennetz, das T_1 zwischen den Objekten postuliert, überträgt auf die Objekte von T_2. Falls diese Übertragung möglich ist, sagt man, die beiden Theorien seien isomorph (zu einer präzisen Definition der Isomorphie s. 1.45 und 2.1) und T_1 sei ein Modell für T_2. Ein Beispiel für ein Modell ist die axiomatisierte, klassische Theorie der Planetenbewegungen als Modell für die Bohr-Rutherfordsche Atomtheorie.

Die Idee des Modells ist heuristisch wichtig, weil sie der Erforschung von Objektbereichen eine Richtung geben kann, u. U. aber auch eine schlechte. Eine solche Verwendung von formalen Sprachen kann nicht alle unsre Wünsche erfüllen, da sie im unklaren läßt, wie denn T_1 entwickelt wurde. Offenbar doch nicht auf die gleiche Weise wie T_2 . Außerdem ist nicht klar, wie das Verfahren zur Änderung der Struktur von Theorien führen kann: denn entweder ist die Übertragung möglich oder nicht. Wo sie nicht möglich ist, endet aber die Modellfunktion. Hier muß ein anderes Verfahren benutzt werden. Außerdem ist fraglich, wie die Isomorphie festgestellt werden soll, wenn T_2 gar nicht so weit entwickelt ist, daß es möglich ist. Und falls T_2 so weit entwickelt ist, daß es möglich ist, dann ist diese Feststellung in gewissem Sinne überflüssig, da sie an T_2 nichts ändert.
Eine dritte Art der Verwendung von formalen Sprachen ist die, daß man einen Formalismus aus uninterpretierten Zeichen konstruiert, der nur eine bestimmte Kombination dieser Zeichen zuläßt. Nachdem man die Widerspruchsfreiheit dieses Systems bewiesen hat, gibt man Zuordnungsregeln an, die den Zeichen des Formalismus bestimmte Objekte aus dem Objektbereich zuordnen. Man nennt dies eine Interpretation des Formalismus. Sind die Interpretationen der Sätze wahr, dann sagt man auch, der Objektbereich sei ein Modell für den interpretierten Formalismus. Hierbei wird *Modell* also in einem andern Sinn verwendet, der in der sog. Modelltheorie sehr weitgehend formalisiert ist. Strenggenommen würde auch dieses Vorgehen voraussetzen, daß die Objekte schon beschrieben sind, denn sie sind uns ja nicht anders als in einer Theorie zugänglich. Falls es eineindeutige Zuordnungsregeln gibt, läuft dies dann auch nur auf die Feststellung der Isomorphie hinaus.
Um diese Schwierigkeiten zu vermeiden, könnte man das Verfahren so modifizieren, daß man nicht mit der Interpretation aufhört, sondern sie benutzt zum Vergleich mit andern Theorien, um so festzustellen, welche besser ist. Ist unsere formale Theorie noch unzureichend, so werden wir unseren Formalismus verändern, und zwar nicht im luftleeren Raum, sondern im Hinblick auf den Zweck und die Beschreibungsstärke der Theorie.
In der Linguistik wird danach etwa folgendermaßen verfahren: Nehmen wir an, wir wollen M_1, die Menge der Sätze einer Sprache, beschreiben und diese Sätze seien uns bekannt. Dann konstruieren wir einen Formalismus, der nach der Interpretation eine Menge M_2 von Sätzen erzeugt (beschreibt). Es sind jetzt zwei Fälle denkbar:

(i) Alle Sätze aus M_1 sind neben andern auch in M_2 (also $M_1 \subset M_2$), dann muß der Formalismus restringiert werden.

(ii) Alle Sätze aus M_2 sind neben andern auch in M_1 (also $M_2 \subset M_1$), dann muß der Formalismus erweitert werden.

In der Regel wird (i) und (ii) der Fall sein, so daß eine Approximation von M_1 und M_2 versucht wird durch Veränderung des Formalismus in beiden Richtungen.
Dabei kann auch der Fall eintreten, daß die benützte Sprache keinen Formalismus erlaubt, mit dem wir unser Ziel $M_1 = M_2$ erreichen. Dann werden wir

unsere Beschreibungssprache ändern. Eine solche linguistische Beschreibung ist deshalb ein ständiger Wechsel zwischen empirischer Beobachtung und Beschreibung und der Reflexion und konstruktiven Veränderung des Beschreibungsinstruments. Man könnte sich denken, daß auf diese Weise auch die logischen Regeln entstanden sind, nach denen wir unsre Beschreibungssprache konstruieren.

1.0 OBJEKTSPRACHE UND METASPRACHE

Man kann heute nicht mehr davon sprechen, es gebe eine allgemeinverbindliche Logik. Vielmehr ist die Logik eine Wissenschaft, die verschiedene formale Sprachen behandelt, die z. T. nicht ineinander übersetzbar sind, weil nicht für alle Sätze der einen Sprache Äquivalente in der anderen Sprache existieren. Die logische Analyse ist darum im wesentlichen sprachliche Analyse. Sie behandelt die Form der Sätze der formalen Sprache, semantische Zusammenhänge zwischen den Sätzen, nach denen man sie u. U. auseinander herleiten kann usw.
Zeichen (Wörter, Sätze u. a.) kommen in Sätzen, mit denen wir über sie sprechen, in andrer Weise vor als in Sätzen, in denen wir mit ihnen über die Welt sprechen. Im ersten Fall zitieren (oder erwähnen) wir sie, im zweiten Fall gebrauchen wir sie.

Beispiel 1 Wenn wir sagen: "*Kuh* hat drei Buchstaben", wollen wir damit nicht über irgendeine Kuh reden, sondern über das Zeichen *Kuh*. Die Bedeutung von *Kuh* ist also ein Zeichen.

Dies ist ein eigenartiger Gebrauch von *Kuh*, da das Zeichen hier beim Sprechen als Zeichen für sich selbst gebraucht wird. Um solche Fälle vom normalen Gebrauch zu unterscheiden, setzen wir die erwähnten Zeichen beim Schreiben in Anführungszeichen oder wir unterstreichen sie oder schreiben sie kursiv oder schreiben sie als Beispielsätze auf eine eigene Zeile.
Die Sprache, in der man über eine Sprache L redet, nennt man Metasprache zu dieser Sprache. Die Bedeutungen der Zeichen der Metasprache sind demnach die Zeichen der Sprache L. Darum können wir durch Unterstreichung oder deren Äquivalente ein Zeichen in die Metasprache erheben. Der zitierte Satz in Beispiel 1 ist ein Satz einer Metasprache zum Deutschen.
Da man auch über die Metasprache wieder reden kann, gibt es auch Metasprachen zu dieser Metasprache. Man nennt sie auch Metametasprachen. Da für diese das gleiche zutrifft, ist es einfacher, die Sprachen in verschiedene Stufen zu ordnen. Wir unterscheiden also Sprachen, mit denen wir über Gegenstände reden, sog. Objektsprachen, von Metasprachen erster Stufe, zweiter Stufe usw.
Wir haben gesehen, daß der zitierte Satz aus Beispiel 1 ein Satz der Metasprache ist, aber zugleich dennoch ein Satz des Deutschen, obwohl Deutsch auch die behandelte Objektsprache ist. Das ist vor allem deshalb möglich, weil in natürlichen Sprachen objekt- und metasprachliche Elemente enthalten sind. Ein Beispiel hierfür ist das dt. *Wort*, das zur Metasprache gehört.

Deshalb ist in solchen Sprachen auch nur schwer eine Grenze zu ziehen zwischen objekt- und metasprachlichem Gebrauch. In logischen Sprachen bemüht man sich dagegen um eine strenge Trennung, weil die Nichtbeachtung des Unterschieds zu Inkonsistenzen führt. Will man z.B. Sätze auseinander herleiten und dabei nur ihre Form berücksichtigen, dann kann man, falls man die Unterstreichung nicht berücksichtigt, aus

(1) *Lena* ist kurz.

(2) Lena ist Karls Schwester.

den Satz herleiten

(3) Karls Schwester ist kurz.

der unter ganz andern Bedingungen wahr ist als (1).

Übungen

1 Kennzeichnen Sie in den folgenden Sätzen durch Unterstreichung die metasprachliche Stufe, so daß die Sätze logisch wohlgebildet und akzeptable Übersetzungen der umgangssprachlichen Sätze sind:

(4) Haus wird flektiert wie Kind.

(5) Arbor bedeutet das gleiche wie Baum.

(6) Die Sonne ist größer als der Mond.

(7) Singen wurde vorhin zitiert.

(8) Klaus ist einsilbig.

2 In Grammatiken können Sie etwa folgende Sätze finden:

(i) Das Subjekt ist Teil eines Satzes.

(ii) Das Subjekt eines Satzes nennt das Ding oder Wesen, von dem etwas ausgesagt wird.

(iii) Das Subjekt wird in vielen Fällen zu dem von der Aussage unmittelbar betroffenen Ding oder Wesen im Satz.

a Zeigen Sie an folgendem Beispiel, wie man aufgrund von (i)-(iii) zu Widersprüchen oder mindestens komischen Konsequenzen kommen kann:

(9) Die Kasse stimmt.

b Was wird im folgenden Satz verwechselt, falls man annimmt, daß (i) wahr ist:

(iv) Die Kasse ist Subjekt von (9), da von ihr ausgesagt wird, daß sie stimmt.

Wie könnte man (iv) korrekt formulieren?

1.11 Individuenkonstanten. Prädikate

Wie in den natürlichen Sprachen ist auch in den logischen Sprachen die wichtigste Einheit der Satz. Ein Satz ist in der Logik das, was wahr oder falsch sein kann. Man sagt auch, der Satz habe einen Wahrheitswert, entweder das Wahre (W) oder das Falsche (F). Das ist ein Grund dafür, daß *Satz* in der Logik nicht ganz synonym ist mit *Satz* in der Linguistik. Denn die Sätze natürlicher Sprachen können nicht alle nach ihrer Wahrheit beurteilt werden. So gibt es keinen Sinn, bei einem Befehlssatz oder einem Fragesatz von seiner Wahrheit zu sprechen.

Die Sätze der logischen Sprachen bestehen aus Teilen, die man in zwei Arten unterteilt. Die eine Art sind Namen von Individuen des Objektbereichs, über den man redet. Man nennt diese Namen Individuenkonstanten und verwendet für sie meistens die vorderen Kleinbuchstaben des Alphabets: *a, b, c, d, ...* oder diese Buchstaben mit Indexen: $a_1, a_2, a_3, \ldots$ Die andre Art von Teilen logischer Sätze bezeichnen Eigenschaften und Relationen, die von den Individuen ausgesagt werden können. Man nennt sie Prädikate und verwendet für sie normalerweise die Großbuchstaben *P, Q, R, ...* oder diese Buchstaben mit Indexen: $P_1, P_2, P_3, \ldots$ Ein Satz könnte demnach lauten: *P(a), Q(a), P(b).* "P(a)" wird gelesen: "P von a".

Beispiel 2 Nehmen wir an, *a* stünde für *Doris*, *b* für *die Sonne*, *P* für *ist rund* und *Q* für *ist lieb*, dann wäre *P(a)* eine Übersetzung von *Doris ist rund*, *P(b)* von *Die Sonne ist rund* und *Q(a)* von *Doris ist lieb*.

Weil die bisher eingeführten Prädikate jeweils nur eine Individuenkonstante fordern, nennen wir sie einstellige Prädikate. Ein Satz mit einem zweistelligen Prädikat wäre *R(a,b)*, der die Übersetzung von *Doris ist kleiner als die Sonne* wäre, wenn *R* die Übersetzung von *ist kleiner als* wäre. Ein dreistelliges Prädikat wäre *T* in *T(c,a,b)*. Es könnte *schenkt* übersetzen, so daß *T(c,a,b)*, falls *c* für *Hans* stünde, übersetzen würde *Hans schenkt Doris die Sonne*. Prädikate, die mehr als eine Individuenkonstante fordern, nennt man auch Relatoren (in manchen logischen Sprachen auch Relationen). Will man von Prädikaten allein sprechen und dabei ihre Stellenzahl kennzeichnen, so kann man dazu Zahlen als Superskripte benutzen: P^2 bezeichnet dann ein zweistelliges Prädikat. Diese Kennzeichnung ist notwendig, weil die Zahl der notwendigen Individuenkonstanten sonst nur in Sätzen ablesbar wäre.
In Sätzen wie *P(a)* und *R(a,b)* heißen *a* und *b* Argumente von *P* und *R*. Man schreibt sie gewöhnlich durch Komma getrennt in zwei Rundklammern hinter dem Prädikat, wie wir es bisher getan haben. Bei mehrstelligen Prädikaten unterscheidet man nach der Reihenfolge die erste Argumentstelle, zweite Argumentstelle usw. Gewöhnlich ist die Reihenfolge der Argumente bezüglich der Argumentstellen relevant. So wäre *R(b,a)* in der obigen Interpretation eine Übersetzung von *die Sonne ist kleiner als Doris*.

Übungen

3 Übersetzen Sie die folgenden deutschen Sätze in logische Sätze, indem Sie zuerst den Namen Individuenkonstanten zuordnen und dann den Rest des Satzes als Prädikat ansehen. Geben Sie die Gleichsetzungen an, die Sie vornehmen:

(10) Eintracht besiegt Concordia.
(11) Klaus erinnert Paul an Klara.
(12) Heidelberg liegt zwischen Stuttgart und Mannheim.
(13) *Haus* ist ein Wort.
(14) Zwei verhält sich zu vier wie drei zu neun.

1.12 Individuenvariablen

Neben Individuenkonstanten verwendet man auch Individuenvariable, d. s. nicht Namen für Individuen, sondern Platzhalter, für die man verschiedene Individuenkonstanten einsetzen kann. Sie dienen vor allem dazu, um in längeren Sätzen gleiche Einsetzungsmöglichkeiten anzuzeigen.

Beispiel 3 In *R(x,y,x)* kann man nacheinander verschiedene Konstanten für *x* und *y* einsetzen, man muß aber bei jedem Vorkommen von *x* immer die gleiche Konstante einsetzen. Also *R(a,b,a)* oder *R(d,c,d)*. Dagegen wäre eine Einsetzung *R(a,b,c)* nicht erlaubt.

Die möglichen Einsetzungen für eine Variable kann man auch durch sog. Einsetzungsregeln beschreiben, die folgende Form haben können:

(15) x/a, d

Sie besagt, daß für *x* *a* oder *d* eingesetzt werden kann.
Wie aus Beispiel 3 hervorgeht nimmt man zur Bezeichnung der Individuenvariablen die hinteren Kleinbuchstaben des Alphabets. Falls man viele Variable braucht, kann man sie auch durch Indexe differenzieren:
$x_1, x_2, x_3, \ldots$ Dabei ist x_1 dann eine andre Variable als x_2.
Die Einsetzungsbedingung besagt nicht, daß man für verschiedene Variablen nicht gleiche Konstanten einsetzen darf. Falls eine solche Bedingung gelten soll, muß sie noch zusätzlich angegeben werden, z.B. durch "$x \neq y$", was soviel bedeutet wie *x ist verschieden von y*. Setzt man in die Argumentstellen von Prädikaten Individuenvariable, so erhält man keinen Satz, denn setzen wir *Q* für *ist grösser als*, so können wir von *Q(x,y)* nicht sagen, ob er wahr ist oder nicht. Das ginge erst, wenn wir für *x* die Zahl *3* einsetzten und für *y* die Zahl *5*. Dann wäre der daraus resultierende Satz falsch. Ein Zeichen, das aus einem Prädikat und Variablen besteht, so daß bei deren Ersetzung durch Konstanten ein Satz entsteht, nennt man eine Satzfunktion oder Satzform.
Die Individuen, auf die sich eine Variable einer Satzfunktion bezieht, heißen die Werte dieser Variablen. Die Menge der Werte einer Variablen bilden den Bereich eines Prädikats in dieser Argumentstelle. So sind beide Bereiche der Relation "+" gewöhnlich die Menge aller Zahlen, nicht aber Menschen, Bälle und dgl.

Übungen

4 Übersetzen Sie die folgenden deutschen Sätze in die eingeführte logische Sprache. Verwenden Sie dabei, falls erforderlich, die Anfangsbuchstaben der Prädikate und Individuennamen als Abkürzung, z.B. *G(f)* für *Fritz geht*. Geben Sie an, welche Übersetzungen logische Sätze (S) sind, welche Satzfunktionen (Sf):

(16) Sie geht weg.

(17) Paris hat mehr Einwohner als Frankfurt.

(18) 2 ist in 8 enthalten.

(19) Jeder ist größer als Bernd.

(20) Anna, Berta und Christa sind Schwestern.

5 Geben Sie Unterschiede an zwischen dem logischen Gebrauch von *Prädikat* und dem linguistischen Gebrauch.

6 Übersetzen Sie in die logische Sprache:

(21) Günter kennt Lutz.

(22) Günter kennt Günter.

(23) Günter kennt sich.

Geben Sie die allgemeine Form der Sätze mittels Variablen an. Vergleichen Sie mit sog. echten reflexiven Prädikaten wie *schämt sich*.

7 *N* sei als dreistellige Relation definiert, die für das Aufeinanderfolgen von drei Buchstaben in einer geschriebenen Kette steht, so daß Einsetzungen in die Satzfunktion $N(x_1,x_2,x_3)$ nur wahre Sätze ergeben, wenn die Reihenfolge x_1 x_2 x_3 ist, sonst falsche. Geben Sie Einsetzungsregeln für x_1, x_2, x_3 mit den Buchstaben *e, m, s* als Konstanten, so daß die Einsetzung dieser Buchstaben für die Variablen nur wahre Sätze ergibt, wenn diese mögliche Buchstabenkombinationen am Anfang deutscher Wörter (nicht Eigennamen) angeben.

1.20 Wahrheit von Sätzen

Wir haben uns bisher mit dem Aufbau einfacher Sätze aus Prädikaten und Argumenten beschäftigt. Die formale Beschreibung dieser logischen Teilsprache leistet der Prädikatenkalkül. Es ist aber in den logischen Sprachen üblich, einfache Sätze mit Satzformen zu längeren Sätzen und Satzformen zu verknüpfen. Der Teil der Logik, der solche Verknüpfungen behandelt, heißt allgemein Aussagenkalkül. Im Aussagenkalkül interessiert die Logik besonders die Abhängigkeit des Wahrheitswertes einer Verknüpfung von den Wahrheitswerten ihrer Teile. So wäre der folgende deutsche Satz z. B. immer wahr, ohne daß die Wahrheit oder Falschheit der beiden Teilsätze ins Gewicht fällt:

(24) Bert ist groß oder Bert ist nicht groß.

Man wird sogar immer einen wahren Satz bekommen, wenn man die Form von (24) und die Teile *oder* und *nicht* beibehält und vor und nach *oder* den gleichen Satz einfügt. Diese Art von Wahrheit nennt man auch logische Wahrheit, da sie unabhängig von den Fakten ist, und die früher behandelte Art von Wahrheit faktische Wahrheit. Sätze wie (24) nennt man auch tautologisch und Sätze, die immer falsch sind, kontradiktorisch.

1.21 Einführung der Junktoren und Wahrheitstabellen

Für die Wörter, die in natürlichen Sprachen Sätze verbinden, wie z.B. *oder* in (24) haben wir auch Pendants in den logischen Sprachen. Wir nennen sie Junktoren. Die wichtigsten "$\wedge$", "$\vee$", "$\rightarrow$", "$\leftrightarrow$", "-" entsprechen etwa in ihrer Bedeutung den deutschen Wörtern *und, oder, wenn - so, genau dann - wenn, nicht*. Dabei ist der Junktor "-" einstellig, alle andern zweistellig.

Wir verwenden nun für Teilsätze und Satzformen schematische Buchstaben, die als Abkürzungen für ganze einfache Sätze, Satzformen oder für Wahrheitswerte stehen. Dies sind die Kleinbuchstaben *p, q, r...*, die in Satzverknüpfungen bezüglich der Identität wie Individuenvariable behandelt werden. Beispiele für Schemas von Verknüpfungen sind : "p → q", "-p ∧ q". Die Junktoren bestimmen eindeutig den Wahrheitswert einer Verknüpfung, falls die Wahrheitswerte der verknüpften Teile bekannt sind, bzw. durch Einsetzungen bestimmt werden. Weil also der Wahrheitswert der Verknüpfung eine Funktion der Wahrheitswerte der Teile ist nennt man die Junktoren auch wahrheitsfunktionale Zeichen. Man kann ihre Bedeutung präzis einführen durch sog. Wahrheitstabellen. In diesen Tabellen werden alle möglichen Kombinationen der Wahrheitswerte der Teile aufgeführt zusammen mit den jeweiligen Wahrheitswerten der Verknüpfung. Für den Junktor " ∧ " gilt folgende Tabelle:

p	q	p ∧ q
W	W	W
W	F	F
F	W	F
F	F	F

Die "∧"-Verknüpfung, die man als *und* liest und Konjunktion nennt, ist danach nur dann wahr, wenn beide Teilsätze wahr sind, sonst immer falsch. Das entspricht gut der Bedeutung des deutschen *und* zwischen Sätzen. Mathematisch gibt es in der Spalte unter dem Verknüpfungsschema $2^4 = 16$ mögliche WF-Kombinationen, so daß man auf diese Weise genau 16 Junktoren definieren könnte. Sie sind aber nicht alle gleich wichtig. Insbesondere deshalb nicht, weil man sie teilweise durch Regeln von der Art (41) - (55) in 1.23 aufeinander reduzieren kann und damit die Bedeutung eines Junktors durch zwei andre ausdrücken kann. Darum beschränken wir uns hier auf die Einführung der fünf oben aufgeführten.

Die Wahrheitstabelle für die "∨"-Verknüpfung, die man als *oder* liest und Disjunktion (manchmal auch Alternation oder Adjunktion) nennt, sieht wie folgt aus:

p	q	p ∨ q
W	W	W
W	F	W
F	W	W
F	F	F

Die Disjunktion ist also nur falsch, wenn *p* und *q* beide falsch sind. Sie entspricht nicht immer der deutschen *oder*-Verknüpfung, weil diese manchmal so gemeint ist wie *entweder-oder*, daß also die Verknüpfung nur wahr ist, wenn genau einer der verknüpften Sätze wahr ist. Doch kommt auch im Deutschen das nicht ausschließende *oder* vor, u. zw. häufiger als gemeinhin angenommen wird. Ein nicht ausschließendes *oder* liegt vor in:

(25) Wer studiert oder wer Zeitung liest, wird klüger.
Denn man meint wohl, daß auch einer klüger wird, der beides tut. Daß in vielen *oder*-Verknüpfungen die WW-Kombination F ergibt und nicht W, braucht man nicht über die Bedeutung des deutschen *oder* zu erklären, wenn in diesen Fällen die WW-Kombination F wird, weil die Teilsätze *p* und *q* entgegengesetzte Bedeutung haben, also nie beide gleichzeitig wahr oder falsch sein können. Das ist der Fall in

(26) Benno war der leibliche Vater von Michel oder er war sein Sohn.
Die Wahrheitstabelle für "→" sieht so aus:

p	q	p → q
W	W	W
W	F	F
F	W	W
F	F	W

Diese Verknüpfung nennen wir Konditionalverknüpfung und "→" das Konditional. Wir lesen "p → q" als "p Pfeil q". Damit wird die früher geläufige Bezeichnung *Implikation* vermieden, die zu Schwierigkeiten führte, weil es in der Logik noch eine andre Art von Implikation gibt.
Das Konditional entspricht nicht genau einem deutschen Wort. So wird auch die oben angeführte Entsprechung *wenn-so* nicht genau wie "→" gebraucht. Wir würden nämlich bei *wenn-so* einen (vielleicht kausalen) Zusammenhang zwischen den verknüpften Sätzen postulieren, so daß

(27) Wenn es regnet, so ist der Mont Blanc 4800 m hoch.
eigenartig klingt. Logisch wäre aber eine solche Verknüpfung korrekt und nur falsch, wenn es regnet und der Mont Blanc wäre nicht 4 800 m hoch.
Der vierte der aufgeführten Junktoren "↔" heißt Bikonditional. Er wird durch folgende Wahrheitstabelle definiert:

p	q	p ↔ q
W	W	W
W	F	F
F	W	F
F	F	W

Das Bikonditional entspricht ziemlich gut dem Gebrauch von *genau dann - wenn* im Deutschen, so daß die Verknüpfung nur wahr ist, wenn *p* und *q* den gleichen Wahrheitswert haben. Wir lesen "p ↔ q" als "p Doppelpfeil q".
Die Wahrheitstabelle für den Junktor "-", der Negation heißt, ist einfacher, weil er nur ein Argument und damit nur zwei Kombinationen hat:

p	-p
W	F
F	W

Es hat also "-p" (gelesen "nicht p") immer genau den entgegengesetzten Wahrheitswert wie "p". Das entspricht dem deutschen *nicht* in den Fällen, wo dieses sich auf Sätze bezieht. Doch kann die Übersetzung in andern Fällen Schwierigkeiten machen. Ein genaueres Pendant zu "-" kann man in *es ist nicht der Fall, dass ....* sehen. Diese Übersetzung ist ohne weiters anwendbar für (28), sie zeigt aber bei (29), daß *nicht* hier verschieden bezogen werden kann:

(28) Es regnet nicht.

(29) Fritz kommt heute und morgen nicht.

In (29) ist nämlich nicht klar, wie weit *nicht* reicht, ob der Satz heißen soll, daß Fritz weder heute noch morgen kommt, oder, daß er zwar heute, nicht aber morgen kommt.

1.22 Feststellung des Wahrheitswertes mehrfacher Satzverknüpfungen

Die große Zahl möglicher Verknüpfungen entsteht dadurch, daß sie mehrmals hintereinander ausgeführt werden können, so daß Verknüpfungen wieder verknüpft werden usw.: "$p \wedge q \wedge r \wedge s$".

Die Reihenfolge der Verknüpfung wird dabei durch Klammern gekennzeichnet. Es gehören in:

(30) $(p \vee q) \rightarrow (r \wedge p)$

p und *q* enger zusammen als *q* und *r*. Die Bezeichnung der Zusammengehörigkeit ist deshalb wichtig, weil

(31) $p \vee ((q \rightarrow r) \wedge p)$

eine andre Bedeutung hat als (30), obwohl (31) abgesehen von der Klammerung gleich gebaut ist wie (30). Die Bedeutungsverschiedenheit läßt sich feststellen, indem man die Wahrheitswerte der beiden Verknüpfungen ermittelt unter der Annahme, daß *p* wahr, *q* falsch und *r* falsch sei. Man kann das in einem Graphen machen, in dem man diese Wahrheitswerte einträgt und dann nach den definierenden Wahrheitstabellen das Ergebnis der jeweiligen Verknüpfung in der durch die Klammern angegebenen Reihenfolge. Wir erhalten für (30) folgenden Graphen

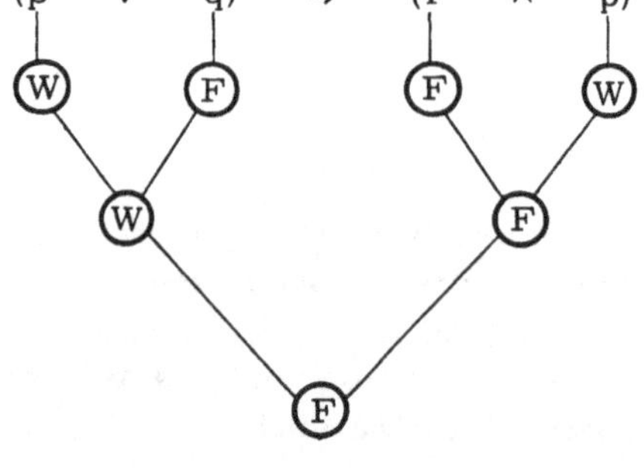

Also wäre (30) unter unserer Annahme falsch. Für (31) erhalten wir bei gleicher Belegung den Graphen:

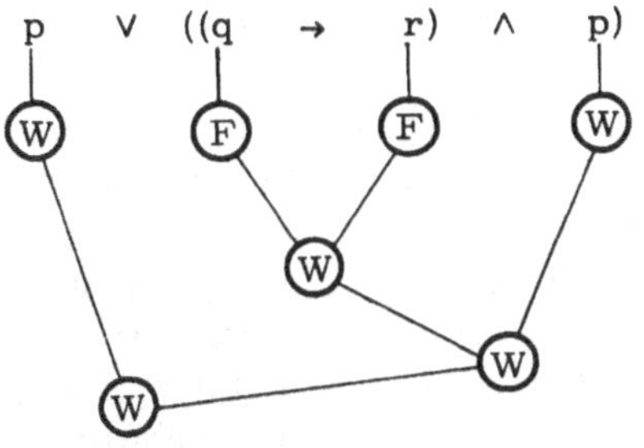

(31) wäre also unter unserer Annahme wahr.
Man kann die Klammerschreibweise vereinfachen dadurch, daß man Konventionen einführt, welche der Junktoren enger binden, d.h. welche der Verknüpfungen früher ausgeführt werden müssen. Wir wollen annehmen, daß "-" am engsten bindet, " ∧ " und " ∨ " enger binden als "→" und "↔". Damit können wir (30a) statt (30) schreiben und (32a) statt (32):

(30a) p ∨ q → r ∧ p.

(32) ((-p) ∧ q) ↔ ((p ∨ q) ∧ r).

(32a) -p ∧ q ↔ (p ∨ q) ∧ r.

Wir haben bisher nur den Wahrheitswert von Verknüpfungen festgestellt unter der Annahme, daß wir die Wahrheitswerte der Teile kennen. Man kann aber dieses Verfahren auch ausdehnen auf alle möglichen WF-Kombinationen der Satzbuchstaben, so daß wir die Wahrheitswertmöglichkeiten längerer Verknüpfungen ermitteln als Kombinationen der Wahrheitstabellen der Grundverknüpfungen. Wenn wir die Verknüpfungen gemäß der Reihenfolge der Klammerung von links nach rechts aufschreiben, bekommen wir für (30) folgende Tabelle:

p	q	r	p ∨ q	r ∧ p	(p ∨ q) → (r ∧ p)
W	W	W	W	W	W
W	W	F	W	F	F
W	F	W	W	W	W
W	F	F	W	F	F
F	W	W	W	F	F
F	W	F	W	F	F
F	F	W	F	F	W
F	F	F	F	F	W

Die Verknüpfung (30) ist also nur wahr, wenn für *p, q, r,* eine der folgenden vier Verteilungen gilt: WWW, WFW, FFW, FFF. Darum war sie unter unserer Annahme falsch.
Die Methode der kombinierten Wahrheitstabellen ist sehr zeitraubend, weil bei mehreren Satzbuchstaben eine sehr große Tabelle notwendig wird. Man kann aber die Ermittlung der wahren Kombinationen schneller machen, wenn man einige Regeln berücksichtigt. So kann man sich überlegen, daß der Hauptjunktor in (30), d.i. der, der in der graphischen Entwicklung als letzter ab-

gearbeitet wird, hier ein Konditional ist, so daß wir für den Fall, daß sein erstes Argument F ist, das zweite gar nicht zu entwickeln brauchen, weil dann die Verknüpfung immer wahr ist. Deshalb können wir für Zeile 7 und 8 in Spalte 6 jeweils ein W eintragen, ohne die Werte dieser Zeilen in Spalte 5 vorher zu entwickeln.

Andre derartige Regeln sind: Eine Konjunktion von beliebig vielen Satzbuchstaben, von denen einem F zugeordnet wird, kann auf F reduziert werden, eine Disjunktion von beliebig vielen Gliedern, von denen einem W zugeordnet wird, kann auf W reduziert werden. In einer Konjunktion von beliebig vielen Gliedern kann ein W weggelassen werden. In einer Disjunktion von beliebig vielen Gliedern kann ein F weggelassen werden. Enthält eine Konjunktion von beliebig vielen Gliedern einen Teil der Form "p ∧ -p", so kann sie auf F reduziert werden. Enthält eine Disjunktion von beliebig vielen Gliedern einen Teil der Form "p ∨ -p", so kann sie auf W reduziert werden.

Übungen

8 Lassen Sie in folgenden Schemas Klammern weg gemäß den Konventionen, ohne die Bedeutung zu verändern.

(33) (p ↔ q) → ((-p) ∧ q ∧ r)

(34) (p ∨ q) ∧ r → (r ∧ q) ∨ p

9 Ermitteln Sie unter der Annahme, daß *q* wahr, *r* wahr und *s* falsch sei, den Wahrheitswert von

(35) q ∨ r → (r ∨ s → -q ∨ s)

10 Ermitteln Sie mit einer Tabelle die möglichen Wahrheitswerte von

(36) -p ∧ -q ↔ (-p → q)

11 Übersetzen Sie, indem Sie für *ist Teil von* das Prädikat "T" verwenden:

(37) Ist a der Teil eines Teils von b, dann ist a Teil von b.

12 Zeigen Sie durch Übersetzung mit Klammerung, daß man (38) in zweierlei Weise verstehen kann:

(38) Ein Wort ist durch Lücken von andern getrennt und semantisch selbständig oder allein zitierbar.

13 In der Linguistik ist es üblich zu sagen, daß in dt. *kaut* der Laut *k* mit *l* in paradigmatischer Relation *(P)* steht, dagegen mit *t* in syntagmatischer Relation *(S)*. Eine der Definitionen von paradigmatisch und syntagmatisch besagt, daß paradigmatisch mit der Disjunktion und syntagmatisch mit der Konjunktion definiert werden können. Zeigen Sie,

(i) daß ein Satz wie "*k* steht mit *l* in paradigmatischer Relation" nicht ohne weiteres mit der Disjunktion in Verbindung gebracht werden kann;

(ii) daß falls eine Definition der Relationen mittels Junktoren möglich ist, für die P-Relation nicht der Junktor "∨" benutzt werden kann;

(iii) daß sich zwei Aussagen wie "P*(k,l)*" und "S*(k,l)*" nicht ausschließen.

1.23 Äquivalenzen und Implikationen zwischen Satzschemas

Mit der in 1.22 beschriebenen Methode der Feststellung der Wahrheitswertverteilung von Verknüpfungen können wir ermitteln, daß manche Schemas die gleiche Verteilung haben. Dies gilt für (39) und (40):

(39) $p \land p \rightarrow q$

(40) $-(p \land -q)$

In diesen Fällen können wir zwischen die beiden Schemas ein Bikonditional schreiben und feststellen, daß die so entstehende Verknüpfung tautologisch ist.

Beispiel 4

p	q	$p \land p$	$p \land p \rightarrow q$	$-q$	$p \land -q$	$-(p \land -q)$	$(p \land p \rightarrow q) \leftrightarrow -(p \land -q)$
W	W	W	W	F	F	W	W
W	F	W	F	W	W	F	W
F	W	F	W	F	F	W	W
F	F	F	W	W	F	W	W

Man sagt, daß Schemas wie (39) und (40) äquivalent sind. Die Äquivalenz gestattet es, in längeren Schemas äquivalente Teile gegeneinander auszutauschen, ohne daß sich der Wahrheitswert des ganzen Schemas verändert. Für die Äquivalenz, die für die logische Wahrheit des Bikonditionals steht, verwenden wir "$\Leftrightarrow$". Sie wird in manchen Theorien auch " logische Äquivalenz " genannt, weil dort der Bikonditional mit "Äquivalenz" bezeichnet wird. Die Äquivalenz muß streng unterschieden werden vom Bikonditional. Denn der doppelt geschwänzte Doppelpfeil gehört zu einer Metasprache zur behandelten logischen Sprache, da er etwas über die Schemas aussagt, die als seine Argumente stehen. Die Äquivalenz ist zusammen mit der noch einzuführenden Implikation einer der wichtigsten Begriffe der Logik, da sie als Grundlage für die logische Folgerung dienen, die man als nur durch die Gestalt der Zeichenreihen gestattete Umformungen definieren kann. Unter Berücksichtigung der metasprachlichen Stufen schreiben wir die eben ermittelte Äquivalenz formal so:

(41) "$p \land p \rightarrow q$" $\Leftrightarrow$ "$-(p \land -q)$"

Der Einfachheit halber läßt man die Anführungszeichen öfter auch weg.

Weitere Äquivalenzen sind:

(41a) " $p \rightarrow q$" $\Leftrightarrow$ "$-(p \land -q)$"

(42) "p" $\Leftrightarrow$ "$--p$"

(43) "$p \land q$" $\Leftrightarrow$ "$q \land p$"

(44) "$p \lor q$" $\Leftrightarrow$ "$q \lor p$"

(45) "$(p \land q) \land r$" $\Leftrightarrow$ "$p \land (q \land r)$" $\Leftrightarrow$ "$p \land q \land r$"

(46) "$(p \lor q) \lor r$" $\Leftrightarrow$ "$p \lor (q \lor r)$" $\Leftrightarrow$ "$p \lor q \lor r$"

(47) "$p \lor (q \land r)$" $\Leftrightarrow$ "$(p \lor q) \land (p \lor r)$"

(48) "$p \land (q \lor r)$" $\Leftrightarrow$ "$(p \land q) \lor (p \land r)$"

(49) "$-(p \lor q)$" $\Leftrightarrow$ "$-p \land -q$"

(50) "$-(p \land q)$" $\Leftrightarrow$ "$-p \lor -q$"

(51) "$p \leftrightarrow q$" $\Leftrightarrow$ "$(p \rightarrow q) \land (q \rightarrow p)$"

(52) "$p \leftrightarrow q$" $\Leftrightarrow$ "$q \leftrightarrow p$"

(53) $"p \rightarrow q" \leftrightarrow "-q \rightarrow -p"$
(54) $"p \wedge p" \Leftrightarrow "p"$
(55) $"p \vee p" \Leftrightarrow "p"$

Die Äquivalenzen (43), (44) und (52) heißen Kommutationsgesetze, (45), (46) Assoziationsgesetze und (47), (48) Distributionsgesetze.
Die Gesetze (41) - (55) machen es möglich, Schemas übersichtlicher, einfacher und kürzer zu machen. So können wir z.B. nach (54) und (55) in Konjunktionen oder Disjunktionen mehrfach vorkommende Teile bis auf einen streichen. Außerdem eröffnen die Äquivalenzen die Möglichkeit, bestimmte Junktoren auf andre zu reduzieren, wie wir in 1.21 angedeutet und es in (41) schon getan haben, indem wir "$\rightarrow$" mittels "-" und "$\wedge$" ausgedrückt haben. Dadurch können wir ein Schema in ein andres überführen, das weniger verschiedenartige Junktoren enthält.

Beispiel 5 $"-(p \rightarrow q) \rightarrow r"$ sei so zu vereinfachen, daß es nur noch die Junktoren "$\vee$" und "-" enthalte. Wir beginnen mit $"-(p \rightarrow q) \rightarrow r"$ und schreiben die Umformungen darunter mit der benutzten Äquivalenz in Klammern dahinter:

$-(p \rightarrow q) \rightarrow r$	
$(p \wedge -q) \rightarrow r$	(41a), (42)
$-((p \wedge -q) \wedge -r)$	(41a)
$-(p \wedge (-q \wedge -r))$	(45)
$-p \vee -(-q \wedge -r)$	(50)
$-p \vee q \vee r$	(50), (42)

Wir benutzen dabei, daß die schematischen Buchstaben "p" und "q" auch für ganze Verknüpfungen stehen können. Denn beim Übergang von der vierten zur fünften Zeile behandeln wir den hinteren Teil der Verknüpfung $"(-q \wedge -r)"$ als eine Einheit und ersetzen ihn durch eine einzelne Variable, damit wir (50) anwenden können.

Nach der Kürzung redundanter Teile gemäß (54) und (55) könnten wir dann den Wahrheitswert besser ablesen als in Verknüpfungen der Ausgangsform. Die Äquivalenzen können auch dann benutzt werden, wenn der Nachweis erbracht werden soll, daß zwei Schemas äquivalent sind. Wir können uns damit die umständliche Methode mit der Tabelle aus 1.22 ersparen.

Beispiel 6 Es soll nachgewiesen werden, daß gilt: $"p \vee (-p \rightarrow q)" \Leftrightarrow "p \vee q"$. Wir führen diesen Beweis durch Umformung nach den Äquivalenzen.

$p \vee (-p \rightarrow q)$	
$p \vee (-(-p \wedge -q))$	(41a)
$p \vee p \vee q$	(50), (42)
$p \vee q$	(55)

Neben den Äquivalenzen gibt es auch schwächere logische Beziehungen zwischen Schemas. Für logische Schlußfolgerungen ist hiervon besonders die Implikation wichtig, die wir definieren durch die logische Wahrheit des Konditionals. Wir schreiben dafür "$\Rightarrow$". Bei Umformungen mit Implikationen darf eine Ersetzung nur in Richtung des Pfeils durchgeführt werden. Wichtige Implikationen sind:

(56) $"p" \Rightarrow "p \vee q"$
(57) $" p \wedge q" \Rightarrow "p"$
(58) $"p \leftrightarrow q" \Rightarrow "p \rightarrow q"$
(59) $"(p \rightarrow q) \wedge (q \rightarrow r)" \Rightarrow "p \rightarrow r"$
(60) $"(p \leftrightarrow q) \wedge (q \leftrightarrow r)" \Rightarrow "p \leftrightarrow r"$
(61) $"(p \vee q) \wedge -p" \Rightarrow "q"$

Sie sind z. T. bekannte Gesetze, die in logischen Beweisen benutzt werden. (59) und (60) definieren die sog. Transitivität des Konditionals und Bikonditionals, aus der auch die Transitivität der Implikation und Äquivalenz folgt.

Beispiel 7 Es sei zu beweisen, daß aus *Wenn dieses Huhn Subjekt des Satzes* S_i *ist, bezeichnet dieses Huhn ein Ding.* und *Wenn dieses Huhn ein Ding bezeichnet, dann ist dieses Huhn ein sprachliches Zeichen.* logisch folgt *Wenn dieses Huhn Subjekt des Satzes* S_i *ist, dann ist dieses Huhn ein sprachliches Zeichen.*
Wir kürzen dazu die Sätze wie folgt ab und schreiben sie untereinander in der Form eines Beweises. Die beiden ersten werden dabei als Prämissen, der unter dem waagrechten Strich als Konklusion betrachtet.

$$\begin{array}{l} p \rightarrow q \\ q \rightarrow r \\ \hline p \rightarrow r \end{array}$$

Dies ist das allgemeine Schema (59) nach dem die obige Folgerung zu beweisen ist.

Wie wir bereits bei der Einführung der Satzbuchstaben vorgesehen haben, lassen sich für sie auch ausführliche prädikatenlogische Satzformen einsetzen. Damit werden auch logische Beziehungen faßbar, die auf Bedeutungszusammenhängen der Prädikate und der Junktoren beruhen. Ein Beispiel dafür wäre:

(62) Wenn x Vater von y ist, dann ist y Kind von x.,

dessen allgemeine Gültigkeit darauf beruht, daß zwischen *ist Vater von* und *ist Kind von* ein besonderer semantischer Zusammenhang besteht. Man kann (62) in die logische Sprache übersetzen als

(62a) $"V(x, y)" \Rightarrow "K(y, x)"$.

Sätze wie (62a), die nur aufgrund ihrer Bedeutung wahr oder falsch sind, nennt man auch analytisch wahr oder analytisch falsch. Die Tautologie ist ein Sonderfall der analytischen Wahrheit, der nur für Schemas gilt.

Übungen

14 Zeigen Sie durch Umformungen, daß die folgenden Äquivalenzen gültig sind:
(63) $"p \rightarrow -(q \wedge p)" \Leftrightarrow "-p \vee -q"$.
(64) $"p \leftrightarrow -q" \Leftrightarrow "(p \vee q) \wedge (-p \vee -q)"$.

15 Zeigen Sie durch Umformungen, daß folgende Implikation gültig ist:
(65) $"-(p \vee q)" \Rightarrow "-p"$.

16 Zeigen Sie, daß der folgende Schluß nicht logisch wahr ist, indem Sie das logische Schema des Schlusses analysieren:

(66) Ein Monem ist ein sprachliches Zeichen.
Haus ist ein sprachliches Zeichen.

Haus ist ein Monem.
Zeigen Sie auch durch eine Wahrheitstabelle, daß dieser Schluß nicht logisch wahr ist.

1.31 Quantoren

Die allgemeinen Satzformen des Prädikatenkalküls waren nicht nach ihrer Wahrheit beurteilbar, weil sie noch Variablen enthielten, die erst belegt werden mußten, damit die Wahrheit oder Falschheit feststellbar wurde. Wir können nun aber einerseits die Allgemeinheit solcher Satzformen beibehalten und sie dennoch zu Sätzen machen. Wir sagen dann, daß ein Satz für beliebige Individuen wahr oder falsch ist und benutzen dafür das Zeichen " ∀x", das man allgemein übersetzt mit *für alle x gilt (gilt, dass..)* und Allquantor (a. Alloperator) nennt.

Beispiel 8 Wenn wir ausdrücken wollen, daß für beliebige positive Zahlen 2x größer ist als x, können wir dafür den logischen Satz "∀x (2x > x)" schreiben, in dem ">" für die Relation *ist grösser als* verwendet wird. Selbstverständlich können wir für *x* auch *y* verwenden, ohne daß sich die Bedeutung ändert, nur müssen wir in längeren Sätzen, wo wir beide Variablen verwenden, die Regeln aus 1.12 beachten.

Sätze wie "∀x(2x > x)" nennt man auch Allsätze. Die Variablen in Satzformen heißen freie Variablen, dagegen die durch einen Quantor gebundenen gebundene Variablen. Allsätze sind in den meisten empirischen Wissenschaften wichtig. Sie sind meistens nicht so zu verstehen, daß für die gebundene Variable alle beliebigen Individuenkonstanten einsetzbar sind. Vielmehr werden die Variablen auf einen bestimmten Individuenbereich (a.universe of discourse) beschränkt, so in Beispiel 8 auf die positiven Zahlen. Für negative wäre der Satz nämlich falsch. Wenn man den gebundenen Variablen eines quantorenlogischen Satzes einen bestimmten Individuenbereich und den Prädikaten bestimmte Prädikate aus einer natürlichen Sprache (oder Teilmengen aus diesem Individuenbereich) zuordnet, sagt man auch dies sei eine Interpretation und, falls sie wahr ist, ein Modell für den quantorenlogischen Satz.
Die Reichweite eines Quantors wird durch Klammern angegeben. So ist "∀x (P(x) → Q(x)) ∧ R(x, y)" eine Satzform, in der das letzte Vorkommen von *x* nicht durch den Allquantor gebunden ist. Wenn mehrere gleichartige Quantoren in einem Satz vorkommen und die gleiche Reichweite haben, so ist ihre Reihenfolge irrelevant, und sie brauchen auch nicht durch Klammern getrennt zu werden. Es gilt also:

(67) "∀x∀y (P(x) ∧ Q(x) ∧ R(x, y))" ⟺ "∀y∀x (P(x) ∧ Q(x) ∧ R(x, y))"

Zu beachten ist aber, daß "∀x-BL(x)" und "-∀xBL(x)" nicht äquivalent sind. Man erkennt das auch an den möglichen Übersetzungen: *für alle x gilt, dass*

sie nicht blau sind und *nicht für alle x gilt, dass sie blau sind.*
Will man ausdrücken, daß ein allgemeiner Satz für mindestens ein Individuum aus dem angenommenen Individuenbereich gilt, so verwendet man den Existenzquantor (a. Existenzoperator) "∃x", den man mit *es gibt (mindestens) ein x, so dass ...* übersetzt. Sätze mit Existenzquantor heißen Existenzsätze.

Beispiel 9 "∃xM(x)" könnte heißen *es gibt einen Menschen* , wobei der Individuenbereich etwa Lebewesen umfassen könnte. "∀x∃yV(y,x)" könnte heißen *für alle x gibt es ein y, so dass y der Vater von x ist.*

Der Existenzquantor wird bezüglich der Klammern, der Reichweite und Vertauschbarkeit wie der Allquantor gehandhabt. Eine Vertauschung von Quantoren wie in (67) ist aber unzulässig in

(67a) ∀x∃yR(x, y),

der zwei ungleichartige Quantoren enthält.
In Verknüpfungen können nicht immer gleichartige Quantoren mit gleichen Variablen, die vor verschiedenen Teilen stehen, zu einem mit größerer Reichweite zusammengefaßt werden. Zulässig in beiden Richtungen ist z. B. die Ersetzung von (68) durch (68a):

(68) ∃xP(x) ∨ ∃xQ(x)

(68a) ∃x(P(x) ∨ Q(x)).

Dagegen ist nicht zugelassen die von (69) durch (69a):

(69) ∀xP(x) ∨ ∀xQ(x)

(69a) ∀x(P(x) ∨ Q(x)).

Dies hängt mit der Definition der Quantoren zusammen, nach der der Allquantor in "∀xP(x)" als unendliche Konjunktion der Form "$P(a_1) \wedge P(a_2) \wedge \ldots$" aufgefaßt werden kann, dagegen der Existenzquantor in " ∃xP(x)" als unendliche Disjunktion der Form "$P(a_1) \vee P(a_2) \vee \ldots$"

1.32 Umformungen von Quantoren

Wie zwischen den Pendants in den natürlichen Sprachen gibt es auch zwischen dem Allquantor und dem Existenzquantor einen Zusammenhang. Wenn wir sagen *alle Menschen haben zwei Beine,* so können wir dafür mit dem selben Wahrheitswert sagen *es gibt nicht einen Menschen, der nicht zwei Beine hat.*
Analog gelten für die Quantoren folgende Äquivalenzen:

(70) "∀xP(x)" ⟺ "- ∃x -P(x)"

(71) "∃xP(x)" ⟺ "- ∀x -P(x)"

Davon ableitbar:

(72) "-∀xP(x)" ⟺ "∃x -P(x)"

(73) "-∃xP(x)" ⟺ "∀x -P(x)"

Außerdem gilt:

(74) "∀xP(x)" ⇒ "∃x P(x)"

Die Äquivalenzen (70) bis (73) gestatten im Grunde die Einsparung eines Quantors, weil man ihn durch den andern ausdrücken kann.

Beispiel 10 Es ist zu beweisen, daß der Satz *Wenn es nichts gibt, das ein Mensch ist und nicht lebt, dann lebt jeder Mensch* logisch wahr ist. Wir übersetzen dazu den Vordersatz in "- ∃x(M(x) ∧ -L(x))", den Nachsatz in "∀x(M(x) → L(x)). Wir können dann den Vordersatz mittels (73) umformen in "∀x-(M(x) ∧ -L(x))", den wir mittels (41a) äquivalent umformen in "∀x(M(x) L(x))". Da aus der Äquivalenz die Implikation folgt, ist der Satz logisch wahr.

Bei der Übersetzung deutscher Sätze in quantorenlogische sind einige Schwierigkeiten zu beachten. So wird dem Allquantor nicht immer durch *alle* oder *jeder* u.ä. entsprochen, sondern auch durch den bestimmten Artikel. Darum hätte die Übersetzung von (75) die Form (75a):

(75) Die Wanze sticht.

(75a) ∀x(W(x) → ST(x)).

In der Übersetzung von (76) wäre ein Allquantor zu verwenden, dagegen in der von (77) ein Existenzquantor:

(76) Wenn etwas rot ist, ist es ausgedehnt.

(76a) ∀x(R(x) → A(x)).

(77) Wenn etwas rot ist, ändert sich das Wetter.

(77a) ∃xR(x) → Ä(w).

Übungen

17 Übersetzen Sie:

(78) Es gibt keinen Sprecher, der alle Regeln des Deutschen kennt.

Verwenden Sie als Abkürzungen: "S" für *ist Sprecher*, "K^2" für *kennt* und "Rd" für *ist Regel des Deutschen*.

18 Übersetzen Sie ins Deutsche:

(79) Churchills Bruder lebt.

19 Übersetzen Sie in die logische Sprache unter Verwendung geeigneter Abkürzungen für die Prädikate:

(80a) Es gibt sprachliche Einheiten.

(80b) Jeder Teil eines Teils eines Satzes ist Teil eines Satzes.

(80c) Zu jeder Phonemkette gibt es eine längere Phonemkette.

20 Formen Sie die folgenden Verknüpfungen um, so daß sie nur Existenzquantoren oder nur Allquantoren enthalten:

(81a) ∃xP(x) ∨ -∀x -Q(x)

(81b) ∀xP(x) ∧ - ∃x -Q(x)

21 Übersetzen Sie unter Verwendung von "M" für *ist ein Mensch* und "L" für *lügt:*

(82) Einige Menschen lügen.

1.40 Mengen und Elemente

In den Logik redet man nicht nur über einzelne Individuen, sondern auch über Mengen von Individuen. Den Teil der Logik, in dem solche Mengen und ihre allgemeinen Eigenschaften untersucht werden, nennt man Mengenlehre. Wir bezeichnen die Mengen mit Großbuchstaben vom Anfang des Alphabets oder auch durch *M* mit verschiedenen Indexen. Dadurch haben wir einen graphischen Unterschied zwischen Individuenzeichen und Mengenzeichen. Die Individuen, die zu einer Menge gehören, nennt man deren Elemente. Man schreibt für die Zugehörigkeit eines Individuums x zu einer Menge M

(83) $x \in M$

Darin bezeichnet "$\in$" die Elementrelation. Man liest "$x \in M$" als "x ist Element von M". Die Negation von (83) lautet "$-(x \in M)$" oder kürzer "$x \notin M$". Für "$(x_1 \in M) \wedge (x_2 \in M) \wedge \ldots \wedge (x_n \in M)$" schreibt man auch kürzer "$x_1, x_2, \ldots, x_n \in M$".

Um eine Menge zu definieren benützt man zwei Schreibweisen. Die erste zählt die Elemente der Mengen durch Kommas getrennt in Schweifklammern auf, diese kennzeichnen also, daß es sich um eine Menge handelt:

(84) $M = \{a, b, c\}$.

Diese Gleichung definiert durch Aufzählung die Menge, die genau aus den Elementen a, b und c besteht. Man nennt dies auch eine extensionale Definition der Menge.

Beispiel 11 Die Menge der Buchstaben, aus denen das Monem *schief* besteht, ist $A = \{s, i, c, e, f, h\}$.

Die zweite Art der Definition geschieht mit Hilfe einer Satzform mit nur einer freien Variablen. In (84) könnte das die Satzform *x ist einer der drei ersten Buchstaben des Alphabets* sein. Schreiben wir als Abkürzung für diese Satzform *P(x)*, so können wir die Menge definieren durch

(84a) $M = \{x \mid P(x)\}$.

Man liest diese Formel: "M ist die Menge aller x, so daß P(x)".

Die definierte Menge wird auch die Extension dieser Satzform genannt, d.h. die Menge aller Individuen, für die sie wahr wird. Darum sind auch zwei durch äquivalente Satzformen definierte Mengen gleich. Die zweite Art der Definition nennt man auch intensionale. Sie ist wesentlich ökonomischer als die erste, falls die Anzahl der Elemente einer Menge groß und eine definierende Satzform bekannt ist.

Bei der Aufzählung der Elemente einer Menge sind mehrfach vorkommende Elemente redundant. Darum definiert

(85) $M = \{a, b, b, c, a\}$

die gleiche Menge wie (84). Die Reihenfolge ist irrelevant. Die Anzahl der Elemente einer Menge nennen wir deren Mächtigkeit. Zwei Mengen gleicher Mächtigkeit heißen gleichmächtig.

Beispiel 12 Die Menge A aus Beispiel 11 und die Menge $B = \{1, 2, 3, 4, 5, 6\}$ sind gleichmächtig.

Ist die Anzahl der Elemente einer Menge unendlich, so sagt man, die Menge sei unendlich, sonst ist sie endlich. Unendliche Mengen kann man natürlich nicht durch Aufzählung definieren. Man hilft sich dann in der Aufzählung durch drei Punkte, die soviel wie *und so weiter* heißen.

1.41 Grundbeziehungen zwischen Mengen

Zwischen zwei beliebigen Mengen M_1 und M_2 können verschiedene Grundbeziehungen bestehen. Eine davon haben wir bereits in unseren Definitionen verwendet, nämlich die, daß alle Elemente von M_1 auch Elemente von M_2 sind und umgekehrt. Wir bezeichnen diese Beziehung mit "=", ihre Negation mit "≠".

Beispiel 13 Man kann sprachliche Einheiten (SE) als Mengen von Merkmalen (m_i) beschreiben, wobei meistens kontradiktorische Merkmale dadurch gekennzeichnet werden, daß man beide gleich benennt, aber durch den Zusatz von "+" und "-" kennzeichnet, also "$+m_1$" gegenüber "$-m_1$". Die Opposition zwischen SE wird dann interpretiert als Beziehung zwischen Mengen. Sei $SE_1 = M_1 = \{m_1, m_2, m_3\}$ und $SE_2 = M_2 = \{m_1, m_2, m_3\}$. Dann sagt man, zwischen SE_1 und SE_2 bestehe Nullopposition oder keine Opposition, da $M1 = M_2$.

Eine andre Beziehung liegt vor, wenn jedes Element aus M_1 auch ein Element aus M_2 ist. Wir sagen dann, M_1 ist in M_2 enthalten oder M_2 inkludiert M_1 oder M_1 ist eine Untermenge von M_2 und schreiben dafür:

(86) $M_1 \subset M_2$.

Wir können die Inklusion wie folgt definieren:

(87) "$M_1 \subset M_2$" $\Leftrightarrow$ "$\forall x(x \in M_1 \rightarrow x \in M_2)$".

Falls $M_1 \neq M_2$ sagen wir auch M_1 sei eine echte Teilmenge. Wird dieser Fall nicht ausgeschlossen, so sagt man M_1 sei eine unechte Teilmenge von M_2, wofür man auch "$M_1 \subseteq M_2$" schreibt.

Beispiel 14 Die Menge der Hessen ist enthalten in der Menge der Deutschen, die Menge der roten Dinge in der Menge der ausgedehnten Dinge, die Menge der Konsonanten in der Menge der Phoneme.

Beispiel 15 Sei SE_1 wie in Beispiel 13, $SE_2 = M_2 = \{m_1, m_2\}$. Dann sagt man, zwischen M_1 und M_2 bestehe eine privative Opposition zugunsten von M_1, da $M_2 \subset M_1$.

Mit (87) läßt sich auch die Gleichheit zwischen Mengen formal definieren:

(88) "$M_1 = M_2$" $\Leftrightarrow$ "$M_1 \subset M_2 \wedge M_2 \subset M_1$".

Das Inklusionszeichen (a. Inklusor) kann man auch nach der andern Seite verwenden:

(89) "$M_1 \subset M_2$" $\Leftrightarrow$ "$M_2 \supset M_1$".

Man sagt, daß zwei Mengen sich überlappen, wenn sie mindestens ein gemeinsames Element haben und nicht identisch sind:

(90) "M_1 und M_2 überlappen sich "$\Leftrightarrow$" $\exists x(x \in M_1 \wedge x \in M_2) \wedge M_1 \neq M_2$".

Beispiel 16 Wenn wir wie in Beispiel 13 SE durch Mengen darstellen, so sagen wir, SE_1 und SE_2 stehen in äquipollenter Opposition genau dann, wenn M_1 und M_2 sich überlappen. Z. B. die morphologischen Kategorien des Verbs und des Adjektivs: SE_1 = {Genus, Modus, Numerus, Tempus, Person}, SE_2 = {Genus, Numerus, Kasus, Komparation}.

Man nennt zwei Mengen disjunkt oder elementfremd, wenn sie kein gemeinsames Element haben:

(91) "M_1 und M_2 sind disjunkt" $\Leftrightarrow$ "$\neg\exists x(x \in M_1 \wedge x \in M_2)$"

Beispiel 17 Zwei SE stehen in disjunkter oder vollständiger Opposition genau dann, wenn die entsprechenden Mengen disjunkt sind. Z. B. die folgenden (schlechten) Bedeutungsbeschreibungen: 'Freiheit' = {+ Abstrakt, -Lehne, -Beine}, 'Stuhl' = {-Abstrakt, + Lehne, + Beine}.

Übungen

22 Gilt für die folgenden Mengen $M_1 = M_2 = M_3$?
$M_1 = \{1, 2, 3, 5, 7, 1\}$, $M_2 = \{2, 5, 2, 7, 3, 1, 1\}$, $M_3 = \{x | x$ ist eine Primzahl $\wedge x < 10\}$.

23a Sind die folgenden Mengen gleich:
M_1 = {auf, zu, der, gang, hat}, M_2 = {zu, hat, der, aufgang}.

b Ist die Menge A aus Beispiel 11 gleichmächtig mit der Menge der Laute von *schief?*

24 Stellen Sie die Deklinationsmorpheme des Adjektivs *schön* im Kontext k_1 = *mein ... schön ...* in vier nach Kasus getrennten Mengen dar, indem Sie k_1 in allen vier Kasus und beiden Numeri durchdeklinieren. Welche der Mengen sind gleich, welche überlappen sich? Welche sind Untermengen von welchen?

25 Kann man Wortarten als Mengen auffassen, indem man sagt, eine Wortart sei die Menge aller Zeichen, die an einer angegebenen Stelle in einem Satz auftreten könnten, z. B. die Wortart Adjektiv die Menge aller Zeichen, die an Stelle der Punkte in

(92) Dies sind ... Theorien.

treten können?

1.42 Operationen mit Mengen

Wir wollen nun einige Operationen definieren, mit denen wir aus Mengen neue Mengen bilden können.

Gegeben seinen zwei Mengen M_1 und M_2. Wir nennen Vereinigungsmengen der beiden die Menge, die alle Elemente enthält, die mindestens einer der beiden Mengen angehören. Für die Vereinigungsmenge schreiben wir

(93) $M_1 \cup M_2 = \{x | x \in M_1 \vee x \in M_2\}$.

Und lesen die "Vereinigung von M_1 und M_2".

Man kann die Vereinigungsmenge als die schraffierte Gesamtfläche sog. Eulerscher Kreise darstellen:

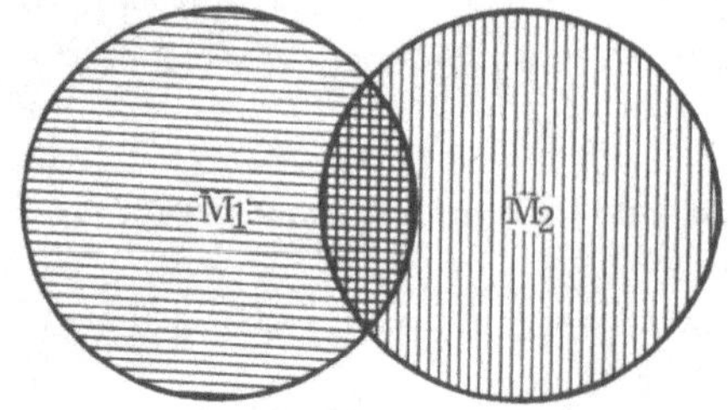

Beispiel 18 Sei $M_1 = \{x|x$ ist ein Konsonant des Deutschen$\}$, $M_2 = \{x|x$ ist ein Vokal des Deutschen$\}$. Dann ist $M_1 \cup M_2$ die Menge aller deutschen Phoneme. Sei $M_1 = \{1, 2, 5, 6\}, M_2 = \{3, 5, 7, 6\}$. Dann ist $M_1 \cup M_2 = \{1, 2, 3, 5, 6, 7\}$.

Eine andre Operation mit Mengen ist die Bildung der Durchschnittsmenge $M_1 \cap M_2$, die gelesen wird als "Durchschnitt von M_1 und M_2". Sie definiert sich formal:

(94) $M_1 \cap M_2 = \{x|x \in M_1 \;\wedge\; x \in M_2\}$.

Die Durchschnittsmenge kann als die karierte Fläche Eulerscher Kreise veranschaulicht werden:

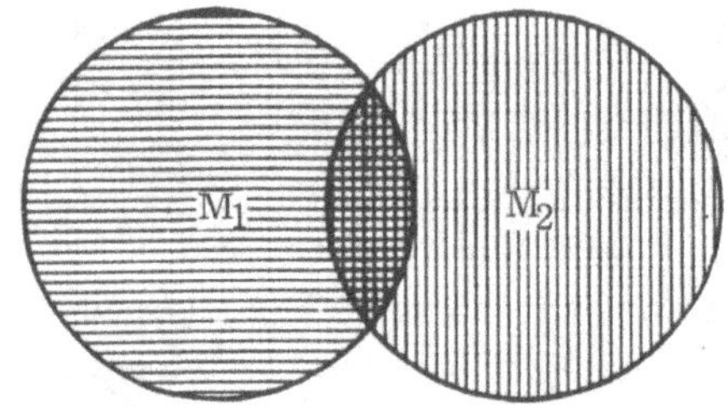

Beispiel 19 Sei M_1 die Menge der Dentale des Deutschen, M_2 die Menge der Labiale: $M_1 = \{$ *d, t, s, w, f, z, n* $\}$, $M_2 = \{$ *p, b, f, w, m* $\}$. Dann ist $M_1 \cap M_2 = \{$ *f, w* $\}$ die Menge der Labiodentale des Deutschen.

Beispiel 20 Ein Phonem (P) ist darstellbar als eine Menge von phonetischen Merkmalen. Sei $P_1 = \{m_1, m_2, m_3\}$, $P_2 = \{m_3, m_4, m_2\}$, dann heißt Archiphonem (AP) von P_1 und P_2 der Durchschnitt der beiden: $AP = P_1 \cap P_2 = \{m_2\}$. Ein Archiphonem für zwei Phoneme existiert nur dann, wenn beide Phoneme in äquipollenter Opposition stehen.

Es gilt

(95) $(A \cap B) \subset (A \cup B)$

Eine dritte Operation mit Mengen ist die Bildung des Komplements einer Menge M_1 in bezug auf M_2, geschrieben "$M_2 - M_1$". Es definiert sich formal:

(96) $M_2 - M_1 = \{x|x \in M_2 \wedge x \notin M_1\}$.

Gibt man nicht den Bezug des Komplements auf eine Menge M_2 an, so sind im Komplement alle Individuen, die nicht in M_1 sind. Das Komplement von M_1 in bezug auf M_2 kann als schraffierte Fläche Eulerscher Kreise dargestellt werden:

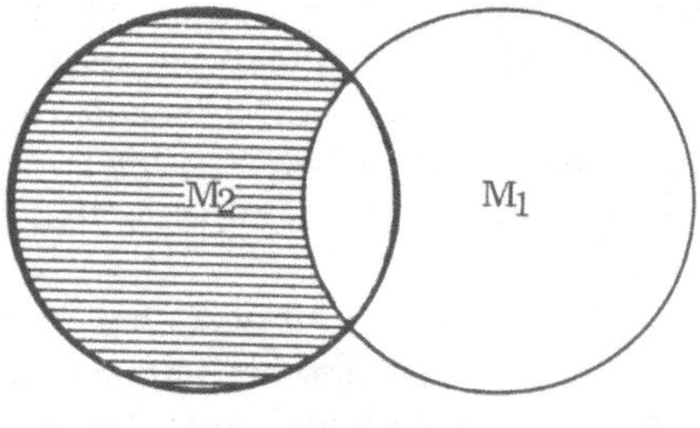

Beispiel 21 Das Komplement der Menge der Vokale des Deutschen in bezug auf die Menge der Phoneme des Deutschen ist die Menge der Konsonanten des Deutschen.

Die Menge, die kein Element enthält, nennt man die Leere Menge $\emptyset$. Sie wird ohne Schweifklammer geschrieben. Darum ist auch $\{\emptyset\}$ die Menge, die als Element die Nullmenge enthält, verschieden von $\emptyset$. Mit der Nullmenge kann man die Bedingung dafür, daß zwei Mengen disjunkt sind, formulieren:
$M_1 \cap M_2 = \emptyset$.
Das Komplement der Nullmenge ist die Allmenge V.
Für das Rechnen mit Mengen kann man einige Identitäten angeben, die sich durch Äquivalenzen der definierenden Satzformen beweisen lassen:

(97) $M_1 \cup M_2 = M_2 \cup M_1$.
(98) $M_1 \cap M_2 = M_2 \cap M_1$.
(99) $(M_1 \cap M_2) \cap M_3 = M_1 \cap (M_2 \cap M_3) = M_1 \cap M_2 \cap M_3$.
(100) $(M_1 \cup M_2) \cup M_3 = M_1 \cup (M_2 \cup M_3) = M_1 \cup M_2 \cup M_3$.
(101) $(M_1 \cup M_2) \cap M_3 = (M_1 \cap M_3) \cup (M_2 \cap M_3)$.
(102) $(M_1 \cap M_2) \cup M_3 = (M_1 \cup M_3) \cap (M_2 \cup M_3)$.

Übungen

26 Geben Sie das Komplement von M = { *en, e, er, es* } in bezug auf die deutschen Nominalmorpheme an.
27 Beweisen Sie (100) und (101) unter Benutzung von (93) und (94) und der notwendigen Äquivalenzen von (41) - (55).
28 Beweisen Sie: Wenn die Regeln des Deutschen eine Untermenge der Regeln des Germanischen sind und die Regeln des Germanischen eine Untermenge der Regeln des Indoeuropäischen, dann folgt daraus logisch, daß die Regeln des Deutschen eine Untermenge der Regeln des Indoeuropäischen sind.

1.43 Relationen

Wenn wir eine Menge definieren wie in (84a) und als definierende Satzform eine mit zwei freien Variablen nehmen, erhalten wir eine Menge von geordneten Paaren. Wir nennen eine solche Menge von geordneten Paaren eine zweistellige Relation. Sie kann folgendermaßen definiert werden:

(103) $R = \{(x, y) | P(x, y)\}$.

Weil eine Relation hier die Extension einer Satzform mit zwei freien Variablen ist, nennt man dies den extensionalen Gebrauch von *Relation*. Dabei wird in Analogie zum Mengenkalkül nur die Zusammenfassung zu Mengen von Paaren berücksichtigt und nicht die definierende Beziehung. Daneben gibt es aber auch den Gebrauch von *Relation* für n-stellige Prädikate, falls $n > 1$.

Wenn man das definierende Prädikat einer Relation nicht hat, ist eine intensionale Einführung wie (103) nicht möglich. Darum hat man auch eine andre allgemeinere Einführung von Relationen entwickelt. Sie basiert auf dem Kartesischen Produkt von Mengen M_1, M_2, das definiert ist als die Menge von Paaren, so daß $x_1 \in M_1$, $x_2 \in M_2$. Man schreibt dafür:

(104) $M_1 \times M_2 = \{(x_1, x_2) | x_1 \in M_1 \wedge x_2 \in M_2\}$.

"$M_1 \times M_2$" liest man: "M_1 Kreuz M_2".

Beispiel 22 Sei $M_1 = \{1, 2, 3\}$, $M_2 = \{5, 6\}$. Dann ist $M_1 \times M_2 = \{(1, 5), (2, 5), (3, 5), (1, 6), (2, 6), (3, 6)\}$. Dagegen ist $M_2 \times M_1 = \{(5, 1), (5, 2), (5, 3), (6, 1), (6, 2), (6, 3)\}$.

Ein Paar (x_1, x_2) unterscheidet sich von einer Menge mit zwei Elementen dadurch, daß es geordnet ist. Deshalb gilt

(105) $(x_1, x_2) \neq (x_2, x_1)$

im Gegensatz zu

(106) $\{x_1, x_2\} = \{x_2, x_1\}$

(105) gilt nur dann nicht, wenn $x_1 = x_2$. Denn dann gilt auch $(x_1, x_2) = (x_2, x_1)$. Eine zweistellige Relation R wäre nun eine Untermenge von $M_1 \times M_2$, da nicht alle möglichen Paare eine bestimmte Relation erfüllen:

(107) $R \subset M_1 \times M_2$.

Nach dieser Definition ist es auch möglich, statt der geläufigen Schreibweise "$R(x_1, x_2)$" zu schreiben "$(x_1, x_2) \in R$".

Beispiel 23 Sei $M_1 = M_2 = \{1, 2, 3, \ldots\}$. Dann ist $M_1 \times M_2 = \{(1, 1), (1, 2), (1, 3), \ldots, (2, 1), (2, 2), (2, 3), \ldots\}$. Die Untermenge $R_1 = \{(1, 1), (2, 2), (3, 3), (4, 4), \ldots\}$ wäre dann die Relation der Gleichheit der ganzen positiven Zahlen, $R_2 = \{(1, 3), (3, 1), (2, 4), (4, 2), (3, 5), \ldots\}$ wäre "differiert um 2".

Man kann die Definition (107) ausdehnen auf mehr als zweistellige Relationen, indem man ausgeht vom Kartesischen Produkt von n Mengen. Eine n-stellige Relation definiert dann:

(108) $R^n \subset M_1 \times M_2 \times \ldots \times M_n = \{(x_1, x_2, \ldots, x_n) | x_1 \in M_1 \wedge x_2 \in M_2 \wedge \ldots \wedge x_n \in M_n\}$.

An die Stelle des geordneten Paars tritt dann ein n-tupel, das man als eine geordnete Folge von n Elementen definieren kann. Für die Relationen kann man analog zu den Mengen auch Operationen definieren. Die wichtigsten sind Durchschnitt und Vereinigung:

(109) $R_1 \cap R_2 = \{(x_1, x_2, \ldots, x_n) \mid R_1(x_1, x_2, \ldots, x_n) \wedge R_2(x_1, x_2, \ldots, x_n)\}$

(110) $R_1 \cup R_2 = \{(x_1, x_2, \ldots, x_n) \mid R_1(x_1, x_2, \ldots, x_n) \vee R_2(x_1, x_2, \ldots, x_n)\}$

Beispiel 24 Der Durchschnitt von *ist nördlich von* und *ist östlich von* ist *ist nordöstlich von*. Die Vereinigung von *ist Vater von* und *ist Mutter von* ist *ist Elter(nteil) von*.

Weitere Operationen auf Relationen sind die Bildung der Konverse (Kn), auch Inverse, und der Verkettung (a. Relationsprodukt). Für zweistellige Relationen definieren sie sich, wie folgt:

(111) $R_2 = \mathrm{Kn}\, R_1 = \{(x_2, x_1) \mid R_1(x_1, x_2)\}$.

(112) $R_1 | R_2 = \{(x_1, x_2) \mid \exists x_3(R_1(x_1, x_3) \wedge R_2(x_3, x_2))\}$

Beispiel 25 Entspreche R_1 *links von*, dann entspricht die Konverse R_2 *rechts von*. Entspreche R_1 *Bruder von* und R_2 *Vater von*, dann entspricht $R_1|R_2$ *Onkel von*, dagegen $R_2|R_1$ *Neffe von*.

Übungen

29 Die Oppositionen sind darstellbar als Relationen zwischen Mengen. Definieren Sie die disjunkte Opposition (DO) und die äquipollente Opposition (AO) durch Operationen mit Mengen.

30 Sei N eine Menge von deutschen Substantiven einer Deklinationsklasse, $N = \{n_1, n_2, \ldots n_n\}$, M die Menge der zugehörigen Substantivmorpheme bestehe aus den nach Kasus geordneten Untermengen $K_1 = \{$ *ø, er* $\}$, $K_2 = \{$ *es, er* $\}$, $K_3 = \{$ *e, ern* $\}$, $K_4 = \{$ *ø, er* $\}$. Schreiben Sie die möglichen Deklinationsformen als Kartesische Produkte und geben Sie mögliche Paare an. (Beachten Sie die Reihenfolge!).

31 Wie kann man die Relation *ist Urenkel von* durch die Relation *ist Kind von* definieren?

32 Geben Sie drei Konversenpaare zweistelliger deutscher Prädikate an.

1.44 Eigenschaften von Relationen

Wir wollen nun noch einige Eigenschaften von Relationen definieren, die für die Brauchbarkeit der Relationen besonders wichtig sind.

Eine Relation R heißt reflexiv, wenn gilt

(113) $\forall x R(x, x)$,

und irreflexiv, wenn gilt

(114) $\forall x - R(x, x)$.

Beispiel 26 *Identisch mit* ist reflexiv, *reitet* ist irreflexiv, weil zwar jedes Individuum mit sich selbst identisch ist, aber keines sich selbst reiten kann, was man an der Abweichung von * *er reitet sich* erkennt.

Eine Relation R heißt symmetrisch, wenn gilt

(115) $\forall x_1 \forall x_2 (R(x_1, x_2) \Rightarrow R(x_2, x_1))$,

sie heißt asymmetrisch, wenn gilt,

(116) $\forall x_1 \forall x_2 (R(x_1, x_2) \Rightarrow -R(x_2, x_1))$.

Eine symmetrische Relation ist identisch mit ihrer Konverse.

Beispiel 27 *Ist verheiratet mit* ist symmetrisch, *ist Vater von* ist asymmetrisch. Daneben gibt es noch eine Art von Relationen, bei denen man aus $R(x_1, x_2)$ weder auf $R(x_2, x_1)$ noch auf $-R(x_2, x_1)$ schließen kann, z. B. *liebt*.

Eine Relation R heißt transitiv, wenn gilt

(117) $\forall x_1 \forall x_2 \forall x_3 (R(x_1, x_2) \wedge R(x_2, x_3) \Rightarrow R(x_1, x_3))$,

sie heißt intransitiv, wenn gilt

(118) $\forall x_1 \forall x_2 \forall x_3 (R(x_1, x_2) \wedge R(x_2, x_3) \Rightarrow -R(x_1, x_3))$.

Beispiel 28 *Geht voran* und "$\supset$" sind transitiv *ist Sohn von* ist intransitiv.

Ist eine Relation zugleich symmetrisch, transitiv und reflexiv, so nennt man sie eine Äquivalenzrelation.

Beispiel 29 Die Synonymie (SN) von Wörtern natürlicher Sprachen wie SN *(Tierarzt, Veterinär)*, SN *(fast, beinahe)* ist eine Äquivalenzrelation.

Eine Relation R heißt voreindeutig, wenn

(119) $R(x_1, x_2) \wedge R(x_3, x_2) \Rightarrow x_1 = x_3$.

Beispiel 30 *Ist Vater von* ist voreindeutig, wenn man unter Vater den leiblichen Vater versteht, weil jedes Individuum nur einen Vater haben kann.

Eine Relation R heißt nacheindeutig, wenn

(120) $R(x_1, x_2) \wedge R(x_1, x_3) \Rightarrow x_2 = x_3$

Beispiel 31 *Ist Mitglied der Partei* ist nacheindeutig, weil alle Parteien die Zugehörigkeit zu verschiedenen Parteien verbieten.

Relationen, die vor- und nacheindeutig sind, heißen eineindeutig. Sie ordnen jedem x_1 aus der einen Menge genau ein x_2 aus der andern zu.

Beispiel 32 *Ist Ehegatte von* ist eineindeutig, wenn jeder Mann nur mit einer Frau verheiratet sein darf und umgekehrt.

Übungen

33 Geben Sie die Eigenschaften folgender Relationen an:
ist Präsident von; ist Nachfolger von; ist verbunden mit.

34 Aus der Menge der lat. Buchstaben werden Zeichen für Wörter gebildet, indem man sie hintereinander schreibt, sog. Ketten bildet, z.B. aus der Untermenge A in Beispiel 11 das Zeichen für das Monem *schief*. Die Relation, die zwischen zwei direkt benachbarten Buchstaben besteht, heiße Verkettung "K". Welche Eigenschaften hat "K"?

1.45 Isomorphie

In den empirischen Wissenschaften und besonders in der Linguistik spielen die Struktur von Objektbereichen und der Begriff des Systems eine große Rolle. Man versteht unter "System" eine Menge von Objekten und die Menge der Relationen, die diese Objekte verbinden und definieren. Nehmen wir einmal an, es werde die Menge von Objekten $M_1 = \{x_1, x_2, \ldots, x_n\}$ untersucht. Zu dieser Menge kann ein System angenommen werden, das durch zweistellige Relationen R_i definiert ist, also $R_1(x_1, x_2) \wedge R_2(x_2, x_3) \wedge \ldots$ Man kann im Sonderfall annehmen, es handle sich um nur eine definierende Relation. Dann sind aufgrund dieser Relationen alle Objekte des Systems identifizierbar.

Beispiel 33 Die Eisenbahnverbindungen zwischen je zwei Städten eines Gebiets können als zweistellige Relation aufgefaßt werden. Graphisch könnte ein solches Eisenbahnnetz folgendermaßen aussehen:

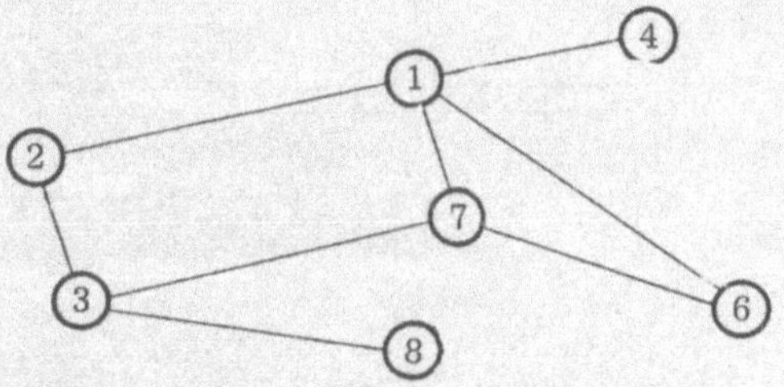

Als Paare geordnet könnte man dieses System wie folgt schreiben: (1,2), (1,7), (1,4), (1,6), (2,3), (3,7), (3,8), (7,6). Da wir annehmen, "R" sei symmetrisch, können wir auf die Paare in umgekehrter Reihenfolge verzichten. Es gelingt nun aufgrund der Relation die Punkte zu definieren: 1 ist der Punkt der mit 4 Punkten verbunden ist, also mit vier andern in Relation steht. 7 und 3 sind mit je 3 Punkten verbunden, 2 und 6 mit je 2 und 4 und 8 mit je einem. Alle Punkte, die mit gleichviel Punkten verbunden sind, können wir also nicht differenzieren. Das gelingt uns aber, wenn wir das Verfahren ausdehnen: 7 ist mit einem Dreier-, einem Zweier- und einem Viererpunkt verbunden, dagegen 3 mit einem Einer-, einem Zweier- und einem Dreierpunkt. Damit sind also 3 und 7 unterschieden.

In unserem System sind durch diese Erweiterung alle Punkte unterscheidbar. In andern Systemen kann es Punkte geben, die nicht unterscheidbar sind. Sie heißen isotop.

Wichtig ist in der strukturellen Betrachtung die Strukturgleichheit oder Isomorphie. Nehmen wir an, es seien zwei Theorien T_1 und T_2 gegeben, so daß T_1 sich auf $M_1 = \{x_1, x_2, \ldots, x_n\}$ bezieht und darin eine Menge von Relationen $RM_1 = \{R_1, R_2, \ldots, R_m\}$ annimmt. T_2 bezieht sich auf $M_2 = \{x'_1, x'_2 \ldots, x'_n\}$ mit einer Menge von Relationen $RM_2 = \{R'_1, R'_2, \ldots, R'_m\}$. Man sagt nun, beide Theorien seien isomorph, wenn es eine Relation gibt, die jedem x_i genau ein x'_i und jedem R_j genau ein R'_j zuordnet und umgekehrt. Diese Relation nennt man Korrelator.
Die Isomorphie ist symmetrisch, reflexiv und transitiv. Wenn zwei Systeme isomorph sind, sagt man, sie haben dieselbe Struktur. Strukturen sind also Mengen von isomorphen Systemen.

Beispiel 34 Das System aus Beispiel 33 kann die gleiche Struktur haben wie ein Schachturnier. Dann wären die Punkte Schachspieler und die Relation *spielte gegen*.

2.0 ALGEBRAISCHE STRUKTUREN

Wir haben in Kapitel 1 schon einige Verknüpfungen behandelt, die gleiche Eigenschaften hatten, obwohl sie auf verschiedene Argumente anwendbar sind. So haben z.B. "$\vee$", "+" und "$\cup$" ähnliche Eigenschaften, ebenso wie "$\wedge$", "." und "$\cap$". Ein Beispiel einer solchen Eigenschaft wäre die Assoziativität, vgl. (46), (100). Sie gilt außerdem noch für andre Relationen, so daß es nahe liegt, solche Eigenschaften verschiedener Relationen systematisch zu untersuchen. Die Untersuchung unspezifizierter Individuen, von denen nur die Relationen oder Operationen behandelt werden, denen sie unterliegen, geschieht in der Algebra. Eine Menge von Individuen, für die bestimmte Verknüpfungen definiert sind, nennt man darum auch eine algebraische Struktur.

2.1 Abbildungen

Grundlage für die Betrachtung algebraischer Strukturen sind Funktionen (f, g, h, ...) oder Abbildungen. Seien M_1 und M_2 beliebige Mengen. Dann ist f: $M_1 \rightarrow M_2$ eine Abbildung von M_1 in M_2, wenn es eine Regel gibt, die jedem Element aus M_1 genau ein Element aus M_2 zuordnet.
Sei z.B. $x_1 \in M_1$ und $x_2, x_3 \in M_2$. Würde dann x_1 durch f x_2 und x_3 zugeordnet, so müßte $x_2 = x_3$ sein. Das Bild oder der Wert von $x_1 \in M_1$ unter f wird geschrieben $f(x_1) = x_2$ (wobei $x_2 \in M_2$). Man nennt M_1 auch Vorbereich, und M_2 Nachbereich der Abbildung. Die Menge aller Bilder einer Funktion heißt Bild- oder Wertbereich (B). Ist $B = M_2$, so sagt man, es handle sich um eine Abbildung von M_1 auf M_2 oder die Abbildung sei surjektiv. Jede Abbildung auf ist eine Abbildung in. Graphisch ist eine Abbildung in folgendermaßen darstellbar:

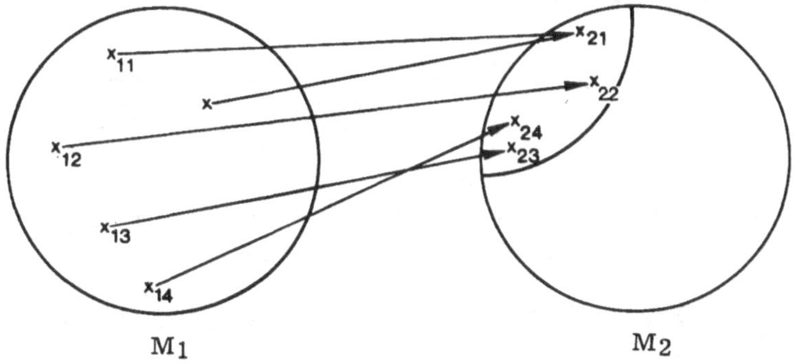

Da $B \neq M_2$ ist diese Abbildung nicht surjektiv. Dagegen ist surjektiv:

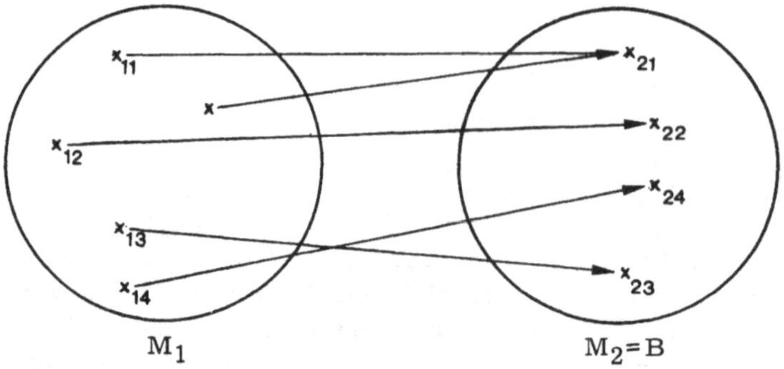

Seien $x_{11}, x_{12} \in M_1$ und $f(x_{11})$, $f(x_{12}) \in M_2$, dann sagt man, die Abbildung sei eineindeutig oder injektiv, wenn gilt

(121) $f(x_{11}) = f(x_{12}) \Rightarrow x_{11} = x_{12}$.

Graphisch wäre das folgendermaßen darzustellen:

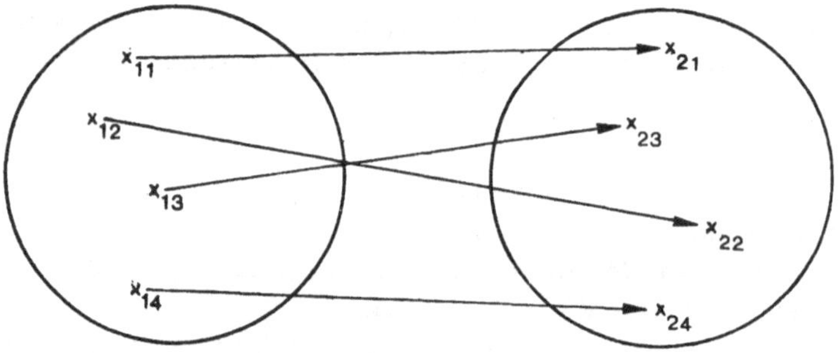

Beispiel 35 Sei $M_1 = M_2 = \{1, 2, 3\}$, f sei durch folgende Zuordnungsregeln definiert: $1 \rightarrow 2$, $2 \rightarrow 3$, $3 \rightarrow 1$, was gleichbedeutend ist mit: $f(1) = 2$, $f(2) = 3$, $f(3) = 1$. Eine solche Abbildung macht "13232" aus "32121". Man nennt sie auch Permutation.

Eine eineindeutige (also injektive) und surjektive Abbildung heißt auch bijektiv oder umkehrbar eindeutig.

Beispiel 36 Die Abbildung der Monemkette *ein|e Be|schreib|ung* auf die Zahlenfolge 1, 2, 3, 4, 5, die man beim Zählen vornimmt, ist eineindeutig.

Unsere verbale Einführung der Isomorphie in 1.45 können wir jetzt mit dem Abbildungsbegriff präzisieren: zwei algebraische Strukturen (M_1; R_1, R_2, ..., R_n) und (M_2; R'_1, R'_2, ..., R'_n) heißen isomorph, wenn für sie eine bijektive Abbildung f von M_1 in M_2 definiert ist und wenn gilt: $f(R_i\,(x_1, x_2))$ $= R'_i\,(fx_1, fx_2)$. Es müssen also jeder Relation und jedem Element der einen Struktur je eine Relation und je ein Element der andern entsprechen.

Beispiel 37 Sei "$R(x_1, x_2)$" eine Relation, die genau dann wahr ist, wenn entweder "x_1 ist Lehrer von x_2" oder "x_1 ist Schüler von x_2" wahr ist, und f eine bijektive Abbildung mit: 4 → Schelling, 1 → W.v.Humboldt, 6 → Courtenay, 7 → Trubetzkoy, 2 → G.v.Gabelentz, 3 → de Saussure, 8 → Bally, dann ist das Eisenbahnnetz von Beispiel 33 isomorph mit der R-Struktur der fraglichen Wissenschaftler.

Übungen

35 Ist die Abbildung der Menge der deutschen Phoneme auf die Menge der lateinischen Buchstaben eineindeutig?

36 Sei $X_1 = \{a, b, c, d\}$, $X_2 = \{00, 01, 10, 11\}$.
Man sagt X_2 sei ein Kode für X_1, wenn es eine eineindeutige Abbildung gibt, so daß f(a) = 00, f(b) = 01, f(c) = 10, f(d) = 11, und wenn die Isomorphie bezüglich der Verkettung der Elemente aus X_1 und X_2 gewahrt bleibt. "00010100" kann dann dekodiert werden zu "abba". Wäre $X_3 = \{0, 1, 10, 11\}$ ein Kode für X_1?
Konstruieren Sie einen Kode für $X_4 = \{d, e, j, r\}$ mittels $X_5 = \{x | x$ ist eine Kombination aus "+" und "-"$\}$. Kodieren Sie zwei deutsche Wörter.

2.2 Funktionen. Verknüpfungen

Seien *f* und *g* zwei Funktionen mit gleichen Bereichen A. Dann definiert man eine Verknüpfung "o" von *f* und *g*, die man das Produkt *h* von *f* und *g* nennt:

(122) $f \circ g = h = \text{def}(f \circ g)(x) = f(g(x)) = h(x)$

Wenn also g(x) = y und f(y) = z, dann ist h(x) = z.
Solche Verknüpfungen können folgende Eigenschaften haben:

(123) $(f \circ g) \circ h = f \circ (g \circ h)$

(124) $f \circ g = g \circ f$

Nach (123) ist diese Verknüpfung assoziativ, nach (124) ist sie kommutativ. Man sagt außerdem, der Bereich von "o" sei abgeschlossen bezüglich "o", wenn für alle *f* und *g* ein solches *h* nach (122) existiert. Dies ist für unser *h* der Fall, weil *g* für alle $x \in A$ definiert ist, und da der Nachbereich von *g* in A ist und *f* auch für alle $x \in A$ definiert ist, ist das Ergebnis von f(g(x)) auch in A.
Man definiert nun noch ein neutrales Element *e*, für das gilt:

(125) $f \circ e = e \circ f = f$.

Beispiel 38 Neutrales Element unter der Verknüpfung "+" in der Arithmetik ist "0", neutrales Element unter "∪" ist "∅", da gilt $M_1 \cup \emptyset = M_1$.

Weiter kann man ein inverses Element *i* oder "f^{-1}" definieren:

(126) $f \circ f^{-1} = f^{-1} \circ f = e$.

Beispiel 39 In der Arithmetik ist *-a* das inverse Element zu *+a*, da -a+a = 0. $\frac{1}{a}$ ist inverses Element zu *a*, weil unter der Verknüpfung der Multiplikation "1" neutrales Element ist (denn $a \cdot 1 = 1 \cdot a = a$) und $\frac{1}{a} \cdot a = 1$.

Mit diesen Gesetzen können wir den wichtigen algebraischen Begriff der Gruppe definieren: Eine Gruppe G = (A, o, e) ist ein Tripel aus einer Menge *A*, einer Verknüpfung "o" und einem neutralen Element *e*, so daß die Verknüpfung in A assoziativ ist (123), zu jedem $x \in A$ ein Inverses x^{-1} existiert und außerdem ein neutrales Element existiert. Ist die Verknüpfung außerdem kommutativ (124), dann heißt die Gruppe abelsch.

Beispiel 40 Die Menge der ganzen Zahlen unter der Verknüpfung "+" mit dem neutralen Element "0" ist eine abelsche Gruppe.

Wichtiger ist in der Linguistik der Begriff der Halbgruppe geworden. Eine Halbgruppe H = (A, o) ist ein Paar aus einer Menge A und einer Verknüpfung "o", so daß die Verknüpfung in A assoziativ ist, also (123) gilt. Eine Gruppe ist ein Sonderfall einer Halbgruppe.

Beispiel 41 Sei A = {a, b, c}. Wir deuten nun die Verknüpfung "o" als lineare Verkettung, die wir durch das Zeichen "⁀" oder gar nicht bezeichnen. Dann wären die Ketten abb (oder a⁀b⁀b), baba ∈ M. Es können alle Elemente aus A beliebig oft in Verknüpfungen vorkommen. Ein solches Vorkommen nennen wir eine Okkurrenz des Elements.

Nehmen wir außerdem an, A enthalte ein neutrales Element e, so nennen wir die Halbgruppe H ein freies Monoid über A, das wir mit A* bezeichnen. Die Elemente von A heißen die Erzeugenden von A*.

Beispiel 42 Deuten wir wieder die Verknüpfung als lineare Verkettung und e als leere Kette ∅, so gilt, wenn wir $k_1, k_2 \ldots$ als Variablen für Ketten benutzen: $k_1 e = k_1$. Da die Verkettung assoziativ ist, gilt $(ba)k_1 = b(ak_1) = bak_1$.

Da die Verkettung nicht kommutativ ist, gilt $ab \neq ba$. k_1 ist eine Unterkette (a. Teilkette) von k_2 genau dann, wenn es zwei Ketten k_3 und k_4 gibt, so daß $k_3 ⁀ k_1 ⁀ k_4 = k_2$ ist.

Beispiel 43 *aa, ab* sind Unterketten von *aabab*; *abb, aaa* sind keine Unterketten von *aabab*, weil *abb, aaa* nicht verkettet sind. Sei k_1 = aab, k_2 = baa, dann ist die Verkettung $k_1 ⁀ k_2$ = aabbaa. Die Verkettung von mehrelementigen Ketten ist auch asymmetrisch.

Es gilt also allgemein $k_1 ⁀ k_2 \neq k_2 ⁀ k_1$.

Übungen

37 S = (A, o, e) sei eine algebraische Struktur. Deren Verknüpfung sei kommutativ, assoziativ, sie enthalte ein neutrales Element e und zu jedem Element ein inverses -x. Es sei $A = \{m_1, m_2, \ldots\}$ eine Menge von phonetischen

Merkmalen, deren beliebige Kombinationen als Phoneme aufgefaßt werden. Dann läßt sich S darstellen als

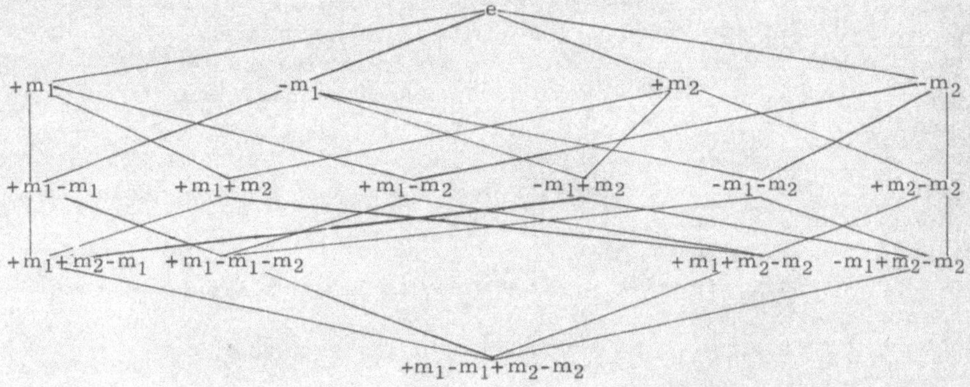

Nehmen Sie an, A = {v(orn), h(och)} und geben Sie mittels eines Diagramms der möglichen Kombinationen die im Deutschen existierenden Kombinationen durch die entsprechenden Vokale an. Interpretieren Sie dabei "-v+v" als 'mittel' und ebenso "-h+h".

38 k_1 = *der ochs kam* sei eine Kette. Sind *hsk, am, Øcs* Unterketten? Interpretieren Sie die Nullkette als Lücke (Blank). Welche Funktion hat sie dann in unserer Orthographie?

2.3 Axiomatisiertes System. Formales System

Seit langem versucht man, mathematische und logische Theorien in axiomatischer Form darzustellen. Man nennt sie dann axiomatisierte Systeme. Unter einem axiomatisierten System versteht man dabei eine Menge von Ausdrücken, die aus zwei Untermengen AX und D bestehen, so daß die Elemente von D durch explizit formulierte Regeln R aus denen von AX gewonnen werden können. Die Elemente von AX heißen Axiome, die von D Theoreme. Für das Ableiten von Elementen von D aus Elementen von AX mittels der erwähnten Regeln sagt man *deduzieren,* die Regeln heißen Deduktionsregeln.
Neben den Deduktionsregeln enthält ein axiomatisiertes System Bildungsregeln für die Ausdrücke aus den Termen des Systems, d. s. Ausdrücke deren Teile keine Ausdrücke sind, mit andern Worten nicht analysierbare Ausdrücke. Für unsre Zwecke ist nun der Begriff des formalen Systems wichtig, das man auch Kalkül nennt.
Ein formales System ist ein axiomatisiertes System, dessen Regeln nur die graphische Form der Ausdrücke in Betracht ziehen, also nicht deren Bedeutung. Ein solches formales System kann deshalb nachträglich in verschiedener Weise interpretiert werden.

Beispiel 44 Wir können einen Teil des in 1.2 behandelten Aussagenkalküls als formales System darstellen. Wir gehen aus von einer Menge $A = \{(,), -, \rightarrow, p_1, p_2, \ldots, p_n\}$, die die Atome des Systems ($p_1, p_2, \ldots, p_n$), logische Zeichen ($-, \rightarrow$) und Hilfszeichen ((,)) enthält. Man nennt A auch das Alphabet und seine Elemente Buchstaben. Die Elemente des freien Monoids A^* über A unter "⌢" (oder nichts für die Verkettung) nennt man auch Wörter. In unserm formalen System sollen sie für die Ausdrücke stehen. Allerdings ist die Menge der Ausdrücke AS eine Untermenge von A^*, da nicht alle beliebigen Verkettungen zugelassen werden dürfen: z.B. nicht "$-)\rightarrow k_1$". Wir müssen deshalb noch Regeln formulieren, die AS definieren:

(R1) Jedes Atom ist ein Ausdruck.

(R2) Wenn das Wort (die Kette) k_1 ein Ausdruck ist, dann ist auch das Wort $-k_1$ ein Ausdruck.

(R3) Wenn die Wörter k_1 und k_2 Ausdrücke sind, ist auch das Wort $(k_1 \rightarrow k_2)$ ein Ausdruck.

(R4) Ein Wort ist genau dann ein Ausdruck, wenn es durch (evtl. mehrmalige) Anwendung von (R1), (R2) und (R3) erzeugt werden kann.

Durch Anwendung der Regeln können wir etwa folgendermaßen den Ausdruck "$((--p_1 \rightarrow p_2) \rightarrow p_2)$" generieren:

(127)	p_1	(R1)
	$-p_1$	(R2)
	$--p_1$	(R2)
	$(--p_1 \rightarrow p_2)$	(R3)
	$((--p_1 \rightarrow p_2) \rightarrow p_3)$	(R3)

Dieses formale System berücksichtigt im Gegensatz zum Aussagenkalkül von 1.2 nur die Junktoren "$\rightarrow$" und "$-$". Darum erzeugt es weniger Ausdrücke als es im Aussagenkalkül Schemas gibt. Wegen den in 1.23 behandelten Umformungsmöglichkeiten läßt sich aber mit der Menge dieser Ausdrücke das gleiche ausdrücken wie mit der Menge aller Schemas, da "$\wedge$" und "$\vee$" und alle übrigen Junktoren durch "$\rightarrow$" und "$-$" ausgedrückt werden können. Wenn wir nun aus AS einige Elemente auswählen als Axiome und Übergangsregeln ähnlich wie die Äquivalenzen (41) - (55) formulieren, haben wir ein vollständiges formales System S. Wir können es formal definieren als ein Quadrupel $S = (A, AX, AS, R)$ wobei $AS \subset A^*$.

Übungen

39 Sind die folgenden Ketten Ausdrücke unseres formalen Systems in 2.3: "$p_1 \wedge p_2 \rightarrow q$", "$(p_1 \rightarrow (-k_1)) \rightarrow p_2$", "$((p_1 \rightarrow --k_1) \rightarrow k_2)$"?

40 Welche Regeln muß man nacheinander anwenden, um aus dem Ausdruck "$-(p_1 \rightarrow p_2)$" den Ausdruck "$-(-(p_1 \rightarrow p_2) \rightarrow -p_1)$" zu erzeugen?

2.4 Turingmaschine. Algorithmus

Formale Systeme sind die Grundlage abstrakter Automaten. Im Gegensatz zu konkreten selbstregulierenden Maschinen definieren diese nur die abstrakte Form solcher Maschinen. Ein Beispiel hierfür ist eine Turingmaschine, die besteht aus einem endlichen Speicher, einem Lese-Schreibkopf und einer Transporteinrichtung über einem Band, das in Felder eingeteilt ist, auf die Anfangsdaten geschrieben sind und auf die die Maschine selbst schreiben kann. Sie kann dabei auf jedes Feld nur einen Buchstaben eines vorgegebenen Alphabets schreiben:

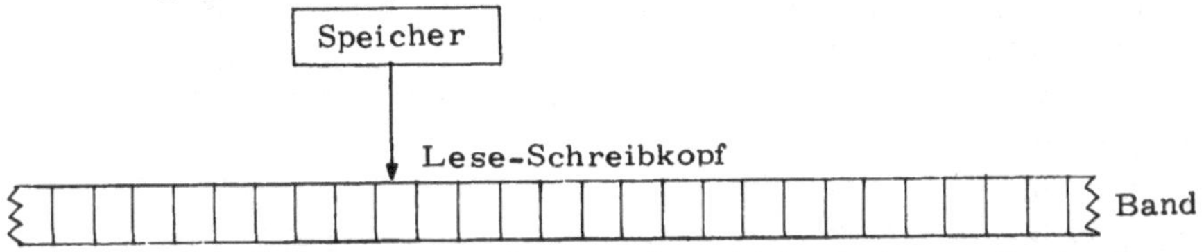

Den Inhalt des Speichers zu einem Zeitpunkt i nennt man Zustand q_i der Maschine, die Menge der Zustände Q. Liest die Maschine in einem Zustand q_i ein Zeichen Z_j auf dem Band, so reagiert sie darauf durch Änderung ihres Zustandes und Operieren (Löschen oder Schreiben von Zeichen) auf das Band. Damit die Maschine in der richtigen Weise reagiert, muß man ihr genaue Regeln geben, die explizit in einer wohldefinierten Sprache formuliert sind. Denn die Maschine kann nicht wie ein Mensch selbst intelligente Entscheidungen treffen. Eine solche Menge von expliziten Regeln, die in jedem einzelnen Fall die Ausführung gewisser Operationen mechanisch gestatten, nennt man einen Algorithmus. Wir kennen solche Algorithmen z.B. als Regeln für die Multiplikation größerer Zahlen. Mit diesem Algorithmus, den wir in der Schule gelernt haben, können wir die Multiplikation beliebiger Zahlen durchführen.

Beispiel 45 Für das Aufsuchen eines Wortes im Wörterbuch dient folgender Algorithmus: (1) Nimm den ersten Buchstaben des Wortes und suche den Teil des Wörterbuches, in dem die Wörter mit diesem Buchstaben beginnen. (2) Schlage die letzte Seite des fraglichen Teils auf. (3) Steht der zweite Buchstabe des ersten Wortes auf der linken aufgeschlagenen Seite im Alphabet nach dem zweiten Buchstaben des zu suchenden Wortes, dann schlage eine Seite zurück. (4) Falls nicht wieder (3) gilt, dann suche auf diesen beiden Seiten das Wort. (5) Falls das Wort dort nicht steht, dann führe wieder (2) aus und suche dort das Wort. (6) Falls es dort nicht steht, kaufe ein andres Wörterbuch.

Der Begriff des Algorithmus kann exakt an einer Turingmaschine expliziert werden. Nehmen wir an, eine Turingmaschine T sei definiert für das Alphabet $A = \{Z_0, Z_1, Z_2\}$ und habe die internen Zustände q_1, q_2, q_3, wobei q_1 der Anfangszustand und Z_0 das Leerzeichen (Blank) sei. Die Zeichen R und L drücken aus, daß das Band nach rechts oder links bewegt wird. Die Anweisungen an die Maschine werden in Form von Quadrupeln folgender Art formuliert:

(128) $q_i\ Z_k\ Z_l\ q_j$ (Q1)

$q_i\ Z_k\ L\ q_j$ (Q2)

$q_i\ Z_k\ R\ q_j$ (Q3)

Diese Quadrupel sind wie folgt zu interpretieren:

(Q1) Die Maschine ist im Zustand q_i und liest Z_k. Sie ersetzt Z_k durch Z_l und geht in den Zustand q_j über.

(Q2) Die Maschine ist im Zustand q_i und liest Z_k. Sie bewegt das Band ein Feld weiter nach links und geht von q_i in q_j.

(Q3) Die Maschine ist im Zustand q_i und liest Z_k. Sie bewegt das Band ein Feld nach rechts und geht von q_i in q_j.

Nehmen wir weiter an, unsre Maschine T bestehe aus folgenden Quadrupeln:

$q_1\ Z_o\ L\ q_1$ (1)

$q_1\ Z_1\ L\ q_2$ (2)

$q_2\ Z_1\ Z_2\ q_2$ (3)

$q_2\ Z_2\ L\ q_1$ (4)

$q_2\ Z_o\ L\ q_3$ (5)

$q_3\ Z_1\ Z_o\ q3$ (6)

Es stehe nun auf dem Band folgendes Wort:

$Z_o\ Z_1\ Z_1\ Z_1\ Z_o\ Z_1$

Die Maschine beginnt also in q_1 und liest Z_o. Wir schreiben das so:

$q_1\ Z_o\ Z_1\ Z_1\ Z_1\ Z_o\ Z_1$

Sie wird nach der Anweisung (1) handeln und wir erhalten:

$Z_o\ q_1\ Z_1\ Z_1\ Z_1\ Z_o\ Z_1$ nach (1)

Sie fährt jetzt folgendermaßen fort, indem sie immer die in Klammer genannten Anweisungen befolgt:

$Z_o\ Z_1\ q_2\ Z_1\ Z_1\ Z_o\ Z_1$ (2)

$Z_o\ Z_1\ q_2\ Z_2\ Z_1\ Z_o\ Z_1$ (3)

$Z_o\ Z_1\ Z_2\ q_1\ Z_1\ Z_o\ Z_1$ (4)

$Z_o\ Z_1\ Z_2\ Z_1\ q_2\ Z_o\ Z_1$ (2)

$Z_o\ Z_1\ Z_2\ Z_1\ Z_o\ q_3\ Z_1$ (5)

$Z_o\ Z_1\ Z_2\ Z_1\ Z_o\ q_3\ Z_o$ (6)

In diesem letzten Zustand hört die Maschine in q_3 auf, weil keine Anweisung existiert für den Fall, daß sie sich in q_3 befindet und Z_o liest.

Beispiel 46 Eine Turingmaschine kann linguistisch benutzt werden, um einen Algorithmus für die Transkribierung eines Textes oder Wortes von einem Alphabet in ein anderes zu konstruieren. Nehmen wir an, wir haben zwei Alphabete $A = \{a_o, a_1, a_2, \ldots, a_n\}$, $B = \{a_o, b_1, b_2, \ldots, b_n\}$. Die Turingmaschine Trans wird definiert durch (wobei $i \neq 0$ und a_o das Leerzeichen sei):

$q_1\ a_o\ L\ q_j$ (a)

$q_j\ a_i\ b_i\ q_j$ (b)

$q_j\ b_i\ L\ q_j$ (c)

$q_j\ a_o\ L\ r$ (d)

Stünde auf dem Band $a_o a_{21} a_{10} a_{12} a_o$, dann würde Trans folgendermaßen arbeiten:

q_1	a_o	a_{21}	a_{10}	a_{12}	a_o	
a_o	q_j	a_{21}	a_{10}	a_{12}	a_o	(nach (a))
a_o	q_j	b_{21}	a_{10}	a_{12}	a_o	(b)
a_o	b_{21}	q_j	a_{10}	a_{12}	a_o	(c)
a_o	b_{21}	q_j	b_{10}	a_{12}	a_o	(b)
a_o	b_{21}	b_{10}	q_j	a_{12}	a_o	(c)
a_o	b_{21}	b_{10}	q_j	b_{12}	a_o	(b)
a_o	b_{21}	b_{10}	b_{12}	q_j	a_o	(c)
a_o	b_{21}	b_{10}	b_{12}	a_o	r	(d)

Im Zustand r hört Trans auf, weil er keine Anweisung für diesen Zustand hat. Er hat $a_{21}\ a_{10}\ a_{12}$ umgeschrieben in $b_{21}\ b_{10}\ b_{12}$.

Wir können jetzt eine Turingmaschine definieren als ein Quadrupel T = (A, B, Q, P), wobei A und B disjunkte Alphabete sind. A heißt Eingabealphabet, B Ausgabealphabet (mit $L, R \in B$), Q ist die Menge der Zustände mit einem ausgezeichneten Element q_o, dem Anfangszustand, und P eine Menge von Regeln der Form (128), die wir als Abbildungen deuten können.

Eine Turingmaschine ist für die meisten Zwecke sehr unökonomisch. Darum hat man auch andre abstrakte Automaten entwickelt. Man kann sie als Abbildungen f: $A^* \rightarrow B^*$ verstehen. Sie schreiben Ketten $k_i \in A^*$ Ketten $k_j \in B^*$ zu. Dabei kann man verschiedene Fälle unterscheiden: Eine Menge $L_1 \subset B^*$ heißt aufzählbar (erzeugbar) genau dann, wenn für beliebige $k_i \in A^*$ gilt: $k_j \in L_1$ genau dann, wenn k_j mittels der Regeln ableitbar ist.

Eine Menge $L_1 \subset A^*$ heißt akzeptiert, wenn es für beliebige $k_i \in L_1$ eine Ableitung gibt, so daß ihr Endelement $AX \in B$ (das Axiom) ist. Sei $L_1 \subset A^*$, dann sagt man, L_1 sei in bezug auf A^* entscheidbar, wenn es einen abbrechenden Algorithmus gibt, der für jedes $x \in A^*$ entscheiden kann, ob $x \in L_1$ oder nicht. Dazu müssen L_1 und $A^* - L_1$ aufzählbar sein.

Übungen

41 Verbessern Sie den Algorithmus aus Beispiel 45.

42 Nehmen Sie an, es sei ein Text aus einem früheren Sprachzustand in einen späteren zu transkribieren, so daß sich nur p, t, k zu f, th, h gewandelt hätten. Konstruieren Sie eine Turingmaschine LV, die diesen Teil der ersten Lautverschiebung darstellt als Transkribierungsalgorithmus.

2.50 Graphen. Definitionen

Für die Linguistik ist der Begriff des Graphen wichtig geworden. Ein Graph G ist definiert durch G = (K, R, f), also ein Tripel aus einer Menge K, einer Menge R und einer Vorschrift f (Abbildung), die jedem Element aus R genau zwei (evtl. gleiche) Elemente aus K zuordnet. Da sich jeder Graph auch

zeichnerisch repräsentieren läßt, benützt man dieses Pendant als anschauliche Darstellung von Strukturen. Wir wollen jetzt einige graphentheoretische Grundbegriffe einführen.
Sei z.B. K = {1, 2, 3, 4, 5, 6, 7} und es gelte R(1, 2), R(2, 1), R(1, 3), R(3, 4), R(4, 4), R(3, 5), R(5, 6), R(3, 7).
Dann kann man diesen Graphen geometrisch wie folgt darstellen:

(129)

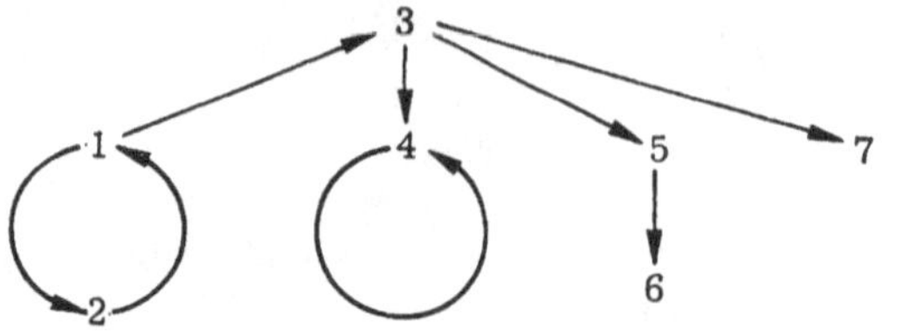

Die Elemente aus K sind hier als mit Ziffern etikettierte Punkte dargestellt. Sie heißen Knoten. Die verbindenen Linien zwischen zwei benachbarten Punkten, d. s. sind solche, für die $R(x_1, x_2)$ gilt, wenn $x_1, x_2 \in K$, heißen Kanten. In unserem Beispiel handelt es sich um gerichtete Kanten, deren Richtung durch die Pfeile bezeichnet ist. Ein Graph mit gerichteten Kanten heißt gerichteter Graph. Falls die Elemente aus R symmetrisch sind, sind die Kanten ungerichtet. Ein Knoten, in dem keine Kante anstößt, heißt ein isolierter Knoten.
Ein Kantenzug ist eine Folge von Kanten, die man nacheinander durchlaufen kann, so daß das Ende einer Kante der Anfang der nächsten Kante ist: (2, 1, 2, 1, 3, 5, 6) in (129) ist ein Kantenzug. Ein Weg ist ein Kantenzug, der keinen Knoten mehrmals durchläuft: (2, 1, 3, 5, 6) in (129) ist ein Weg. Ein Kantenzug, dessen Anfang mit seinem Ende identisch ist, heißt eine Schleife: (1, 2, 1) in (129) ist eine Schleife. Besteht der Kantenzug nur aus einem Knoten, so liegt eine direkte Schleife (a. Schlinge) vor: (4, 4) in (129) ist eine direkte Schleife.
Ein Graph heißt konnex, wenn zwischen beliebigen k_1 und k_2 (wobei $k_1 \neq k_2$) ein Kantenzug existiert. Ein solcher Graph enthält keine isolierten Knoten.
In der Graphentheorie werden bestimmte Unterscheidungen durch Verwendung mengentheoretischer Begriffe getroffen. Ein Untergraph $G_2 = (K_2, R_2, f_1)$ von $G_1 = (K_1, R_1, f_1)$ ist ein Graph, mit $K_2 \subset K_1$, so daß jede Kante von G_1, die zwei Knoten von G_1 verbindet, auch zu G_2 gehört. (Also gilt auch $R_2 \subset R_1$). Wir schreiben dafür $G_2 \subset G_1$. Man kann auch in Graphen Untergraphen entfernen oder durch andre ersetzen. Will man einen Graphen G_2 von einem Graphen G_1 subtrahieren (wobei $G_2 \subset G_1$), so subtrahiert man die Knoten K_2 von G_2 mit allen an sie anstoßenden Kanten und erhält $G_1 - G_2$.
Will man an einen Knoten k_1 von G_1 einen Graphen G_2 anhängen, so sagt man, man heftet beide Graphen zusammen. Das Zusammenheften von zwei disjunkten Graphen im Knoten k_1 ist eine Vereinigung $G_1 \cup G_2$ mit einer identischen Abbildung von $k_1 \in G_1$ auf $k_1 \in G_2$. Es gilt $K_1 \cap K_2 = \{k_1\}$. Das Er-

setzen eines Graphen $G_2 \subset G_1$ in G_1 durch G_3 kann als eine Subtraktion von G_2 mit anschließendem Zusammenheften von $G_1 - G_2$ mit G_3 definiert werden. In der Linguistik sind als Strukturdarstellungen besonders auch Bäume benutzt worden, d. s. konnexe (u. U. gerichtete) Graphen ohne Schleifen.

Beispiel 47

(130)

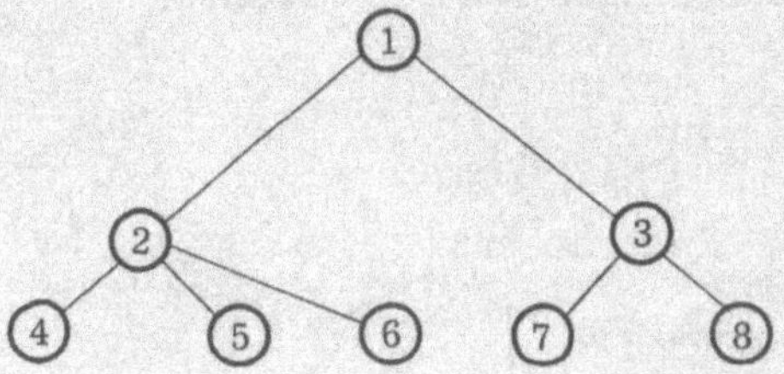

(130) ist ein gerichteter Baum, wobei die Richtung der Kanten durch die Konvention gegeben wird, daß man sie nur von oben nach unten durchlaufen darf. 1 heißt die Wurzel des Baumes. Man sagt, in einem Baum dominiert ein Knoten k_1 direkt einen Knoten k_2, wenn k_1 über k_2 steht und beide Enden der gleichen Kante sind.

Beispiel 48 In (130) dominiert 1 direkt 3 , nicht aber 5 oder 7 .

Man sagt, in einem Baum dominiere ein Knoten k_1 indirekt einen Knoten k_2, wenn es einen Kantenzug gibt, dessen oberes Ende k_1 und dessen unteres Ende k_2 ist.

Beispiel 49 In (130) dominiert 1 indirekt 7 und 4 nicht aber 2 .

Einen Untergraphen eines Baumes nennen wir einen Zweig.

2.51 Anwendung von Graphen in der Phonologie

Wir haben schon eine linguistische Verwendung von Graphen in Übung 37 kennengelernt. Eine andre Verwendung in der Phonologie wollen wir jetzt darstellen: Nehmen wir an, wir wollten die möglichen dreifachen Konsonantenkombinationen am Anfang deutscher Wörter, die mit s beginnen, darstellen. Wir verwenden dann einen Baum, der mit s beginnt und schreiben die Alternativen untereinander nach ihren Positionen von links nach rechts in einen Graphen:

(131)

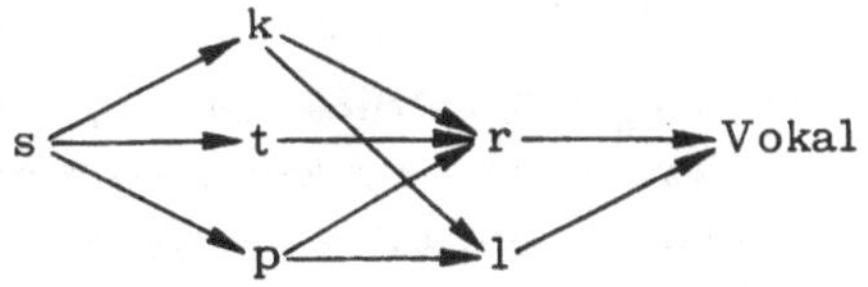

2.52 Anwendung von Graphen zur Darstellung von Satzstrukturen

Weit verbreitet sind Graphen heute zur Darstellung der Struktur von Sätzen. Hier sind vor allem zweierlei Strukturen dargestellt worden. In der einen Art von Darstellungen repräsentieren die Kanten des Graphen die Abhängigkeit der Wörter im Satz, in der andern, wie sich der Satz aus Teilen zusammensetzt (hier ist also R die Teil-Ganzes-Relation). Nach seinen Teilen wäre

(132) Jeder verwendet diese schönen Graphen.

darzustellen als

(133)

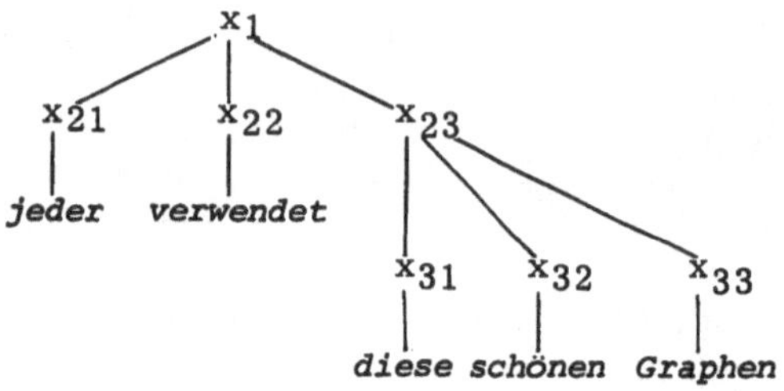

In dieser Struktur wird der Satz nicht sofort in Wörter geteilt, sondern über Zwischenstufen, die hier mit geindextem x bezeichnet sind. Der Graph, der die Abhängigkeit darstellt, enthält dagegen keine solchen Hilfsymbole, in ihm repräsentieren alle Knoten je ein Wort:

(134)

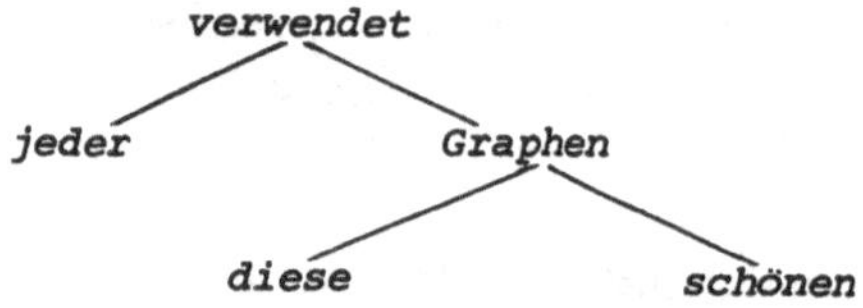

2.53 Anwendung von Graphen zur Darstellung von Regelsystemen

Eine dritte Möglichkeit der Verwendung von Graphen ist die Abbildung von Regelsystemen, z.B. allgemeine Regeln für die Bildung von Sätzen. So könnten wir die Regeln des formalen Systems aus Beispiel 44 in einem Graphen darstellen. Wir verwenden "k_i" als Abkürzung für *Ausdruck:*

(135)

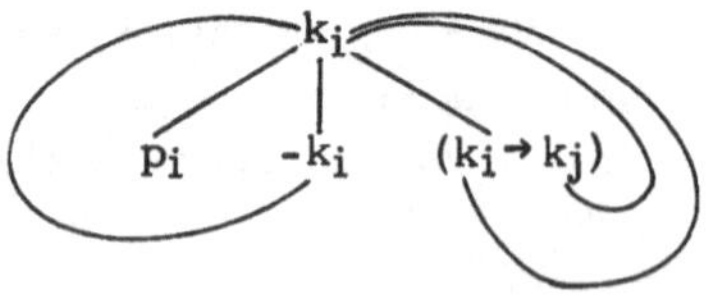

Dieser Graph gibt an, daß ein beliebiger Ausdruck ein "p", "-k" oder zwei Ausdrücke in Klammern mit "→" dazwischen sein kann. Da hier in dem Konditionalsatz nicht Atome vorkommen, sondern Ausdrücke, wird man von ihm wieder zurückverwiesen auf k_i. Ebenso bei -k_i. Durch diese Schleifen könnte

man in der Erzeugung von Ausdrücken also beginnen mit "k_1" und von dort zu "($k_1 \rightarrow k_2$)" gehen und dann wieder zweimal zurückgehen zu "k_i". Würden wir dann jeweils den linken Weg wählen, so erhielten wir etwa "($p_1 \rightarrow p_2$)". Wir könnten aber auch zweimal den rechten Weg wählen und erhielten "(($k_1 \rightarrow k_3$) → ($k_2 \rightarrow k_4$))". Beim nächsten Durchlauf wählen wir je einmal den linken und je einmal den mittleren Weg und kommen zu "(($p_1 \rightarrow -k_3$) → ($p_2 \rightarrow -k_4$))". Wir kämen dann noch zweimal über "k_i" und würden, wenn wir den linken Weg wählen, "(($p_1 \rightarrow - p_3$) → ($p_2 \rightarrow -p_4$))" erhalten.

Übungen

43 Die Möglichkeiten in der deutschen Wortbildung, Moneme einer syntaktischen Kategorie in eine andre syntaktische Kategorie zu überführen, kann man durch Graphen darstellen, z.B. *Ärmlichkeit*, *Altertum* durch

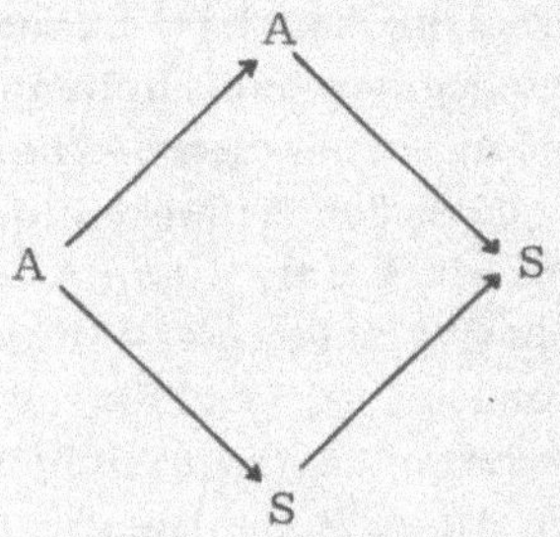

wobei A = Adjektiv, V = Verb, S = Substantiv.
Geben Sie Beispiele, wo die syntaktische Kategorie dreimal verändert wird und stellen Sie sie in einem Graphen dar.

3.0 FORMALE SPRACHEN ÜBER EINEM ALPHABET

Wir sind in 2.2 von einer Menge von Buchstaben A ausgegangen, deren mögliche Verkettungen wir als A^*, das freie Monoid über A bezeichnet haben. Die Elemente von A^* waren Ketten von Elementen von A. Jede Untermenge L von A^* wird auch (formale) Sprache genannt. Eine Sprache wäre z.B. die Menge der Wörter, die genau aus zwei Buchstaben bestehe. Da eine Sprache nach dieser Definition eine Menge ist, kann man mit Sprachen mengentheoretische Operationen ausführen: $L_1 \cap L_2$, $L_1 \cup L_2$ usw. Wenn wir eine formale Sprache als Beschreibung einer natürlichen Sprache benutzen wollen, werden wir folgende Interpretation vornehmen: A heißt ein Vokabular und enthält die Menge der Moneme (oder der Wörter) einer natürlichen Sprache, so daß jedes Monem (oder Wort) ein Element von A ist. Die Elemente von A^* sind dann Monemketten (oder Wortketten). Wir wählen die Untermenge L so aus, daß sie nur solche Monemketten enthält, die Sätze sind. Dann beschreibt L genau die Menge der Sätze der natürlichen Sprache. Wir müssen nur eine Möglichkeit finden, Regeln zu formulieren, die genau die richtige Menge L aus A^* auswählen können, so daß L als Beschreibung der natürlichen Sprache akzeptiert werden kann.

3.11 Kombinatorische Systeme. Produktion. Herleitung

Solche Regeln sind eingeführt worden für sogenannte kombinatorische Systeme. Bezeichnen wir die Elemente aus V mit großen Buchstaben und die aus V^* mit kleinen, dann haben diese Regeln folgende Form:

(136) $x_1 \rightarrow x_2$

(137) $yx_1z \rightarrow yx_2z$

Man nennt solche Regeln Produktionsregeln oder rewrite-Regeln. Der Pfeil "$\rightarrow$" ist nicht der Konditional, er steht vielmehr für die Anweisung, etwas auf der linken Seite zu ersetzen durch etwas auf der rechten Seite: (136) gibt an, daß man x_1 ersetzen kann durch x_2. In (137) ist die Ersetzung von x_1 durch x_2 auf bestimmte Kontexte beschränkt, also nur in der Umgebung y__z möglich, d.h. wenn x_1 Unterkette von yx_1z ist.
Ein kombinatorisches System ist definiert durch ein Quadrupel K = (V, H, S, P), wobei V ein Alphabet ist, H ist eine Untermenge des Alphabets und enthält theoretische Zeichen, die eventuell notwendig sind, um die Produktionsregeln aufzuschreiben. S ist ein ausgezeichnetes Element aus V, von dem die Produktionsregeln ausgehen, und P ist die Menge der Produktionsregeln. Ein kombinatorisches System kann aufgefaßt werden als ein formales System mit

einem einzigen Axiom S, von dem durch Regeln alle Theoreme (in dieser Interpretation Sätze) abgeleitet (deduziert) werden können.

Beispiel 50 Sei $V = \{S, X_{11}, X_{12}, X_{21}, X_{22}, X_{23}, X_{24}, X_{25}, X_{31}, X_{32}, M_1, M_2, \ldots, M_6\}$, $H = \{S, X_{11}, X_{12}, X_{21}, X_{22}, X_{23}, X_{24}, X_{25}, X_{31}, X_{32}\}$. P sei definiert durch

(G1)	$S \rightarrow X_{11}X_{12}$	(1)
	$X_{11} \rightarrow X_{21}X_{22}$	(2)
	$X_{12} \rightarrow X_{23}X_{24}X_{25}$	(3)
	$X_{25} \rightarrow X_{31}X_{32}$	(4)
	$X_{21} \rightarrow M_1$	(5)
	$X_{22} \rightarrow M_2$	(6)
	$X_{23} \rightarrow M_3$	(7)
	$X_{24} \rightarrow M_4$	(8)
	$X_{31} \rightarrow M_5$	(9)
	$X_{32} \rightarrow M_6$	(10)

Dann erzeugt dieses kombinatorische System genau die Kette $M_1M_2M_3M_4M_5M_6$ und beschreibt damit eine Sprache, die genau aus dieser Kette besteht. Wir können dieses Regelsystem folgendermaßen interpretieren, um damit einen Teil des Deutschen zu beschreiben: S = Satz, M_1 = *kein*, M_2 = *Linguist*, M_3 = *kenn*, M_4 = *t*, M_5 = *die*, M_6 = *Sprache*. Die Hilfszeichen X_{ij} sind als syntaktische Positionen interpretiert:
X_{11} = Subj(ekt), X_{12} = Präd(ikat), X_{21} = Art(ikel), X_{22} = N(omen), X_{23} = V(erb), X_{24} = V(erbal)m(orphem), X_{25} = Obj(ekt), X_{31} = Art(ikel), X_{32} = N(omen). Wir können also mit der erzeugten Kette (formal dem aus S hergeleiteten Theorem) den deutschen Satz

(138) Kein Linguist kennt die Sprache.

beschreiben.

Die Anwendung der Regeln von (G1) kann in zweierlei Weise aufgeschrieben werden. Bei der ersten Art werden die durch die Produktionen erzeugten Ketten zeilenweise untereinander geschrieben, indem man mit "S" beginnt und dann eine Regel nach der anderen in der angegebenen Reihenfolge anwendet. Die Nummer der angewandten Regel aus (G1) wird hinter die Zeile geschrieben. Als Verkettungszeichen verwenden wir der Übersicht halber "⁀":

(139)	S	
	Subj⁀Präd	(1)
	Art⁀N⁀Präd	(2)
	Art⁀N⁀V⁀Vm⁀Obj	(3)
	Art⁀N⁀V⁀Vm⁀Art⁀N	(4)
	kein⁀Linguist⁀kenn⁀t⁀die⁀Sprache	(5-10)

Wir haben dabei der Einfachheit halber die letzten sechs Zeilen zu einer zusammengefaßt. (139) nennt man eine Herleitung von (138) nach (G1), wenn folgende Bedingungen erfüllt sind: (i) jedes X_i muß aus einer Folge von

Ketten $k_1, k_2, \ldots, k_n$ hergeleitet werden, so daß $k_i \rightarrow k_{i+1}$. (ii) Kein X_i darf mehr in einer Regel $X_i \rightarrow x$ vorkommen.
Die zweite Art, eine Herleitung aufzuschreiben, geschieht mit einem Graphen. Wir beginnen wieder mit "S" und schreiben darunter die Zeichen, die rechts vom Pfeil in der Regel auftauchen, in der "S" links vom Pfeil steht, also in (1) von (G1). Wir verbinden diese Knoten mit "S" durch Kanten. Dann suchen wir der Reihe nach diese Zeichen in Regeln auf, in denen sie links vom Pfeil stehen und verfahren in gleicher Weise, d.h. wir schreiben die Zeichen rechts vom Pfeil eine Zeile darunter und verbinden sie durch Kanten mit dem Zeichen, das in dieser Regel links vom Pfeil steht. Wir erhalten unter unserer Interpretation:

(140)

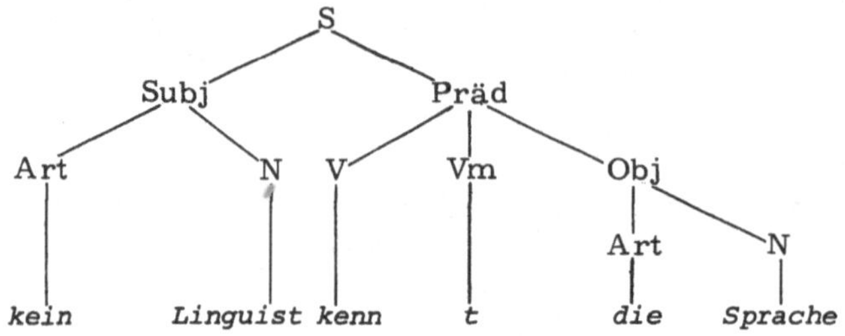

(140) nennen wir einen P(hrase)-Marker oder Konstitutionsgraphen. Natürlich ist es ein überflüssiger Aufwand, mittels (G1) dieses Wort zu erzeugen. Wir werden aber gleich sehen, daß das System leicht zu erweitern ist.

3.12 Definition einer formalen Grammatik

Der Wert solcher kombinatorischer Systeme für die Linguistik besteht darin, daß man sie auffassen kann als eine Grammatik G, die die wohlgeformten, d.h. grammatischen Sätze einer zu beschreibenden Sprache charakterisieren kann. Eine Grammatik ist also ein Algorithmus, der genau die grammatischen Sätze einer Sprache erzeugt oder auch entscheiden kann, ob eine vorliegende Kette aus A^* ein Element aus L ist, ob sie also unter unsrer Interpretation zur Menge der grammatischen Sätze einer natürlichen Sprache gehört.
Die Grammatik (G1) können wir leicht erweitern, damit sie mehr deutsche Sätze erzeugt, indem wir die Elemente des Endvokabulars $E = \{x \mid x = M_i\}$ verändern. Wir können statt (5) $X_{21} \rightarrow M_1$ bzw. $X_{21} \rightarrow$ *kein* eine Regel vorsehen, die eine Auswahl zuläßt: $X_{21} \rightarrow M_1, M_7, M_8$ bzw. $X_{21} \rightarrow$ *kein, ein, der*. Dann könnten wir schon drei deutsche Sätze beschreiben: (138) und

(141) Ein Linguist kennt die Sprache.

(142) Der Linguist kennt die Sprache.

Alle diese Sätze haben die gleiche Struktur, wie es die entsprechenden Konstitutionsgraphen anschaulich zeigen. Der Unterschied der Graphen besteht darin, daß der Knoten unter X_{21} bzw. Art jeweils anders etikettiert ist. Die

Struktur des Graphen ist also nicht nur die von (138), also eines einzigen Satzes, sondern schon eine Generalisierung, die auch für andre deutsche Sätze benützt werden kann. Es ist klar, daß die Zahl der beschriebenen Sätze mit der gleichen Struktur noch viel größer gemacht werden kann, wenn man für alle Regeln, die Moneme einführen, viele Alternativen zuläßt. Trotzdem ist eine solche Grammatik als Beschreibung des Deutschen noch sehr unbefriedigend. Wir werden sie deshalb im übernächsten Kapitel erweitern.

3.13 Definition einer kontextfreien Phrasenstrukturgrammatik. Restriktionen

Es hat sich gezeigt, daß kombinatorische Regelsysteme zu weit sind, um natürliche Sprachen angemessen zu beschreiben. Man hat darum eine grundsätzliche Restriktion eingeführt, die wir auch in (G1) schon eingehalten haben. Diese Restriktion besteht darin, daß nur Regeln der Form

(136a) $X \rightarrow x$

(137a) $yXz \rightarrow yxz$

zugelassen sind, so daß nur Einzelzeichen ersetzt werden. Ein solches System nennt man eine Phrasenstrukturgrammatik (PSG). Wenn sie außerdem keine Regeln der Form (137) enthält, heißt sie eine kontextfreie Phrasenstrukturgrammatik (KF-PSG). Eine PSG ist definiert als ein Quadrupel

(143) $PSG = (V, E, S, P)$,

wobei V ein Vokabular ist, E das Endvokabular, d.i. die Menge der Moneme, die auch Endzeichen heißen, weil sie nicht in Regeln links vom Pfeil vorkommen. Es gilt $E \subset V$. Außerdem unterscheidet man als Untermenge des Vokabulars ein Hilfsvokabular H, für das gilt $H \cup E = V$.

P ist die Menge der Produktionen, also der Regeln der Form $X \rightarrow x$. S ist das Anfangselement (Axiom), das normalerweise für die Menge der beschriebenen Sätze einer natürlichen Sprache steht. Es wird gewöhnlich zwischen das Metazeichen "#" geschrieben um die äußeren Grenzen der Produktionen zu kennzeichnen. "#" wird darum auch Grenzsymbol genannt. DieProduktionsregeln, die die Endzeichen einführen, werden als eine ausgezeichnete Menge behandelt. Sie heißen Lexikonregeln.

Wir wollen jetzt noch einmal einige Restriktionen für die Formulierung von PSG-Regeln angeben, obwohl sie teilweise schon durch die allgemeinen mathematischen Eigenschaften bestimmt sind. Durch Kombinationen derartiger Restriktionen lassen sich verschiedene Typen von Grammatiken definieren:

(R1) Auf der rechten Seite des Pfeils darf nicht die leere Kette stehen. Darum sind Regeln der Form

(144) $X \rightarrow \emptyset$

nicht zugelassen. Es dürfen also keine Zeichen getilgt werden.

(R2) Auf der linken Seite des Pfeils darf nicht die leere Kette stehen. Darum sind Regeln der Form

(145) $\emptyset \rightarrow x$

nicht zugelassen. Es darf also keine Kette aus der leeren Kette erzeugt werden.

(R3) Nach der generellen Einschränkung der Form der Regeln auf $X \rightarrow x$ sind folgende Regelarten nicht zugelassen:

(146) $X_1X_2 \rightarrow X_2X_1$ (Kommutation)
(147) $X_1X_2 \rightarrow X_1$ (Reduktion)

(R4) Regeln der Form

(148) $X_1 \rightarrow X_1$

sind redundant und kommen deshalb nicht vor.

(R5) Jedes Zeichen, das links vom Pfeil vorkommt, außer dem Anfangszeichen, muß auch rechts vom Pfeil vorkommen. Dadurch wird der Zusammenhang (Konnexität) der Grammatik gewährleistet.

Formal:

(149) $\forall X_1 \exists X_2$ (Es gibt eine Regel $X_1 \rightarrow X_2$ $\vee$ es gibt eine Regel $X_2 \rightarrow X_1$).

(R6) Es sind zugelassen Regeln der Form

(150) $X_1 \rightarrow X_1X_2$.

Übungen

44 Welche der folgenden Regeln sind Phrasenstrukturregeln:
(a) $A \rightarrow B$, (b) $A \rightarrow A$, (c) $A \rightarrow AB$, (d) $BA \rightarrow AB$, (e) $ABC \rightarrow AC$?

3.14 Optimierung einer Grammatik

Wir haben in 3.12 gesehen, daß wir die Zahl der mit (G1) erzeugbaren Sätze vergrößern können, indem wir die Lexikonregeln erweitern. Wir könnten etwa für N noch zulassen: *Dichter, Sprecher,* usw., für V *lieb, veränder* usw. Dies ist aber nicht die einzige Möglichkeit, die Grammatik zu verbessern. Man kann vielmehr auch für die Regeln (1) - (4) Alternativregeln zulassen. So wäre es naheliegend, eine Regel

(3a) Präd → V⁀Vm

zu formulieren, um damit auch Sätze wie *der Dichter liebt* zu beschreiben. Wir hätten dann auch die Möglichkeit, für V noch andere Moneme einzuführen wie *sing, bleib* usw. Aber dann wäre unsere Grammatik schon zu weit, weil sie zuließe

(151)

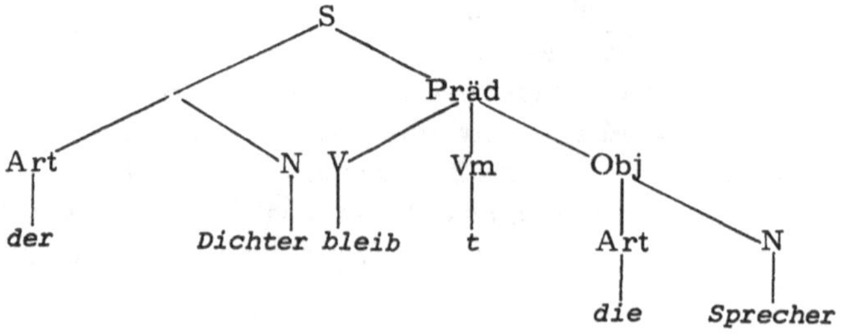

Darum müßten wir zwei Arten von V unterscheiden, von denen eine nur zusammen mit Obj vorkommt, die andere nur allein, und eventuell noch eine dritte Art wie *lieb,* die ohne oder mit Obj vorkommt. Für diesen Fall hat man eine Schreibweise entwickelt, die angibt, daß eine Kette, in unserem Fall Obj, fakultativ ist. Man benutzt dazu Rundklammern in folgender Weise:

(3b) Präd → V⌢Vm(⌢Obj).

Bei einer Erweiterung der Lexikonregeln würde sich aber noch eine andere Vereinfachung als gerechtfertigt erweisen, die wir in unserer Interpretation von (G1) selbstverständlich vorgenommen haben. Wir haben nämlich zweimal verschiedene Zeichen gleich interpretiert, nämlich X_{21} und X_{31} durch Art und X_{22} und X_{32} durch N. Dies ist gerechtfertigt, weil sich bei einer Erweiterung der Lexikonregeln zeigt, daß die Mengen von Monemen, für die sie stehen, wirklich gleich sind. So kommt z.B. *kein* in

(152) Der Linguist mag kein Kind.

anstelle von M_5 vor. Wenn wir das berücksichtigen, brauchen wir die Zeichen X_{21} und X_{31} einerseits und X_{22} und X_{32} in der Grammatik gar nicht zu unterscheiden, wir könnten für X_{31} einfach X_{21} wiederholen und X_{22} für X_{32}. Dann würde die Grammatik wie folgt aussehen:

(G2)	S	→	Subj⌢Präd	(1)
	Subj	→	Art⌢N	(2)
	Präd	→	V⌢Vm⌢Obj	(3)
	Obj	→	Art⌢N	(4)
	Art	→	*kein, die, der ...*	(5)
	N	→	*Linguist, Dichter, Sprache, ...*	(6)
	V	→	*kenn, veränder,...*	(7)
	Vm	→	*t*	(8)

Eine andere Möglichkeit, unsere Grammatik zu verbessern, besteht darin, daß wir den Zusammenhang von Sätzen wie (138) und (153) beachten:

(153) Kein Linguist aus Deutschland kennt die Sprache.

Wir müssen dann nur die Regel (2) von (G2) verändern und eine Lexikonregel hinzunehmen:

Subj	→	Art⌢N(⌢Präp⌢N)	(2a)
Präp	→	*aus, von, ...*	(9)

Wir haben mit diesen Überlegungen ein rudimentäres Beispiel dafür gegeben, wie man versucht, die Menge der Sätze, die eine Grammatik erzeugt, anzugleichen an die Menge der Sätze einer natürlichen Sprache. Gleichzeitig konnten wir auch zeigen, wie die empirische Beschreibung es notwendig macht, die Beschreibungssprache zu verändern (Aufnahme von Alternativregeln, Einführung von Klammern). Damit sollte auch gezeigt werden, daß es von unsrer Grammatik abhängt, ob ein Satz grammatisch ist oder nicht. Wir nehmen an, daß vor der Herstellung der Grammatik bekannt ist, welche Ketten Sätze einer Sprache sind. Die Feststellung der Grammatizität ist deshalb nur post festum möglich, also nicht nur ein Urteil über eine Monemkette, sondern auch über eine Grammatik. Wir wollen jetzt im Zusammenhang noch einige übliche abkürzende Schreibweisen für Phrasenstrukturgrammatiken einführen.

Übungen

45 Welche der folgenden Sätze sind mit (G2) generierbar:

(i) Kein Sprache verändert die Linguist.

(ii) Kein Dichter kennt die Dichter.
(iii) Verändert der Linguist die Sprache?
Schreiben Sie für einen generierbaren eine Herleitung nach (139).

3.15 Schreibkonventionen für Phrasenstrukturgrammatiken

Man gebraucht zur Abkürzung von Alternativregeln in eine Regel drei Arten von Klammern: Rundklammern, Schweifklammern und Eckklammern. Sie sind folgendermaßen definiert:

(a) $X_1 \rightarrow X_2(X_3)X_4$ kürzt ab:
$$X_1 \rightarrow X_2X_4$$
$$X_1 \rightarrow X_2X_3X_4$$

$X_1 \rightarrow X_2(X_i \ldots X_j)X_4$
$$X_1 \rightarrow X_2X_4$$
$$X_1 \rightarrow X_2X_i \ldots X_jX_4$$

$X_1 \rightarrow X_2(X_3(X_4))X_5$
$$X_1 \rightarrow X_2X_5$$
$$X_1 \rightarrow X_2X_3X_5$$
$$X_1 \rightarrow X_2X_3X_4X_5$$

(b)
$$X_1 \rightarrow \left\{\begin{matrix} X_2 \\ X_3 \\ X_4 \end{matrix}\right\} X_5$$
$$X_1 \rightarrow X_2X_5$$
$$X_1 \rightarrow X_3X_5$$
$$X_1 \rightarrow X_4X_5$$

$$X_1 \rightarrow \left(\left\{\begin{matrix} X_2 \\ \\ X_3 \end{matrix}\right\}\right) X_4X_5$$
$$X_1 \rightarrow X_4X_5$$
$$X_1 \rightarrow X_2X_4X_5$$
$$X_1 \rightarrow X_3X_4X_5$$

$$X_1 \rightarrow X_6 \left\{\begin{matrix} X_2(X_3) \\ \\ X_4 \end{matrix}\right\} X_5$$
$$X_1 \rightarrow X_6X_2X_5$$
$$X_1 \rightarrow X_6X_2X_3X_5$$
$$X_1 \rightarrow X_6X_4X_5$$

(c)
$$X_1 \rightarrow \begin{bmatrix} X_2 \\ \\ X_3 \end{bmatrix} X_4 \begin{bmatrix} X_5 \\ \\ X_6 \end{bmatrix}$$
$$X_1 \rightarrow X_2X_4X_5$$
$$X_1 \rightarrow X_3X_4X_6$$

Im Unterschied zu
$$X_1 \rightarrow \left\{\begin{matrix} X_2 \\ \\ X_3 \end{matrix}\right\} X_4 \left\{\begin{matrix} X_5 \\ \\ X_6 \end{matrix}\right\}$$
$$X_1 \rightarrow X_2X_4X_5$$
$$X_1 \rightarrow X_2X_4X_6$$
$$X_1 \rightarrow X_3X_4X_5$$
$$X_1 \rightarrow X_3X_4X_6$$

Übungen

46 Welche Regeln werden abgekürzt durch
$$X_1 \rightarrow \left\{\begin{matrix} X_2X_4 \\ \\ X_3(X_5) \end{matrix}\right\} X_6(X_7)$$

47 Schreiben Sie die folgenden Regeln abgekürzt in einer Regel:
$$X_1 \rightarrow X_2X_3X_6$$
$$X_1 \rightarrow X_2X_4X_6$$
$$X_1 \rightarrow X_2X_4X_7$$

48 Gegeben sei folgende Grammatik:

(154)	$Z \rightarrow Z_1 Z_2$		(1)
	$Z_1 \rightarrow (Z_1)\, Z_{12}$		(2)
	$Z_{12} \rightarrow 2, 6, 3$		(3)
	$Z_2 \rightarrow 0, 5, 1$		(4)

(i) Geben Sie je drei Beispiele für Zahlen, die man mit (154) generieren bzw. nicht generieren kann.

(ii) Welche der folgenden Zahlen sind mit (154) generierbar: 010; 160; 13336; 3325; 3352?

49 Schreiben Sie drei Herleitungen nach (139) und (140) für folgende Grammatik:

$S \rightarrow Pr^\frown Präd^\frown Pp$	(1)
$Präd \rightarrow V^\frown Vm$	(2)
$Pp \rightarrow Präp^\frown Ar^\frown \begin{bmatrix} Dat \\ Akk \end{bmatrix}^\frown Ad^\frown \begin{bmatrix} Dat \\ Akk \end{bmatrix}^\frown N$	(3)
Pr → *er, keiner, niemand*	(4)
V → *klag, sieg*	(5)
Vm → *t, te*	(6)
Präp → *über, auf*	(7)
Ar → *dies, ein, d*	(8)
Ad → *schön, gross, dick*	(9)
N → *Berg, Feld, Pfad*	(10)
Dat → *em*	(11)
Akk → *en*	(12)

50 Schreiben Sie eine Grammatik, die u.a. folgende Ketten generiert: cdxb, ccxbb, cdcxbb, cdcdxbb, ccdxbb.

51 Machen Sie eine Grammatik, die das folgende Gedicht von A.Stramm generiert (ohne Titel):

VERNICHTUNG

Die Himmel wehen
Blut marschiert
marschiert
auf
tausend Füßen

Die Himmel wehen
Blut zerstürmt
zerstürmt
auf
tausend Schneiden

Die Himmel wehen
Blut zerrinnt
zerrinnt
in
tausend Fäden

Die Himmel wehen
Blut zersiegt
zersiegt
in
tausend Scharten

Die Himmel wehen
Blut zerschläft
zerschläft
zu
tausend Toden

3.16 Verhältnis von Grammatik und Sprache. Ambiguität

Wir haben eine formale Sprache definiert als Untermenge des freien Monoids über einem Alphabet. Eine Grammatik sollte ein Algorithmus sein, der die Wörter (bzw. in der Beschreibung Sätze) einer Sprache charakterisiert. Daraus folgt, daß jeder Grammatik eine Sprache entspricht und jeder KF-PSG genau eine kontextfreie Sprache. Es gilt aber nicht umgekehrt, daß jede kontextfreie Sprache genau von einer Grammatik charakterisiert wird. Vielmehr kann die gleiche Sprache durch mehrere Grammatiken charakterisiert werden.

Beispiel 51 Sei (G3) definiert durch: $H_1 = \{X_2, X_3, X_4, X_5, S\}$, $E_1 = \{a, b, c, d, e\}$,

$S \rightarrow X_2X_3$ (1)
$X_3 \rightarrow X_4X_5$ (2)
$X_2 \rightarrow aX_2a$ (3)
$X_2 \rightarrow bX_2b$ (4)
$X_2 \rightarrow c$ (5)
$X_4 \rightarrow d$ (6)
$X_5 \rightarrow e$ (7)

Sei (G4) definiert durch: $H_2 = \{X_2, X_4, X_5, S\}$, $E_2 = E_1$

$S \rightarrow X_2X_4X_5$ (1)
$X_2 \rightarrow aX_2a$ (2)
$X_2 \rightarrow bX_2b$ (3)
$X_2 \rightarrow c$ (4)
$X_4 \rightarrow d$ (5)
$X_5 \rightarrow e$ (6)

Dann erzeugen (G3) und (G4) die gleiche Sprache, weil die Mengen der Endketten (Sätze) identisch sind. (G3) ist insofern umständlicher als (G4), als es eine Regel mehr enthält. Dafür hat (G4) eine Art von Regel, die (G3) nicht enthält, nämlich eine, wo drei nicht-terminale Zeichen rechts vom Pfeil stehen (Regel 1). Man nennt zwei Grammatiken G_1 und G_2 schwach äquivalent, wenn sie die gleiche Sprache charakterisieren. Da (G3) und (G4) die gleiche Sprache erzeugen, sind sie schwach äquivalent.

Es ist möglich, daß eine Endkette (ein Satz) in einer Grammatik in mehrfacher Weise herleitbar ist. Wir sagen, der Satz sei nach G_i n-fach mehrdeutig (ambig), wenn nach G_i n Herleitungen möglich sind.

Beispiel 52 Sei (G5) definiert durch $H = \{S\}$, $E = \{a, b, c\}$,

$S \rightarrow aS$ (1)
$S \rightarrow Sb$ (2)
$S \rightarrow aSb$ (3)
$S \rightarrow c$ (4)

Dann kann "acb" nach (G5) in zweifacher Weise hergeleitet werden, ist also zweideutig:

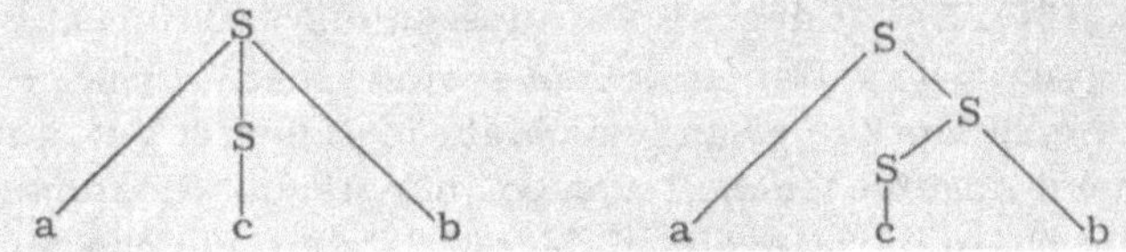

Da die Mehrdeutigkeit einer Herleitung auch linguistisch relevant sein soll, indem sie eine strukturelle Mehrdeutigkeit eines Satzes beschreiben soll, ist es für die Linguistik nicht nur wichtig, Endketten zu erzeugen, sondern auch diesen Ketten ihre Struktur zuzuordnen. Denn die syntaktische Struktur eines Satzes sollte die Basis seiner semantischen Beschreibung sein. Die Zuordnung der Struktur geschieht am leichtesten in der Form eines Konstitutionsgraphen.

Beispiel 53 Sei gegeben eine Grammatik (G6):

S	→ Präd⁀Subj (⁀Pp)	(1)
Präd	→ V⁀Vm	(2)
Subj	→ Art⁀N (⁀Pp)	(3)
Pp	→ Präp⁀N	(4)
V	→ *komm*	(5)
Vm	→ *en*	(6)
Art	→ *die*	(7)
N	→ *Verwandten, Spanien*	(8)
Präp	→ *aus*	(9)

Dann kann der Satz

(155) Kommen die Verwandten aus Spanien?

in zweifacher Weise erzeugt werden:

(155a)

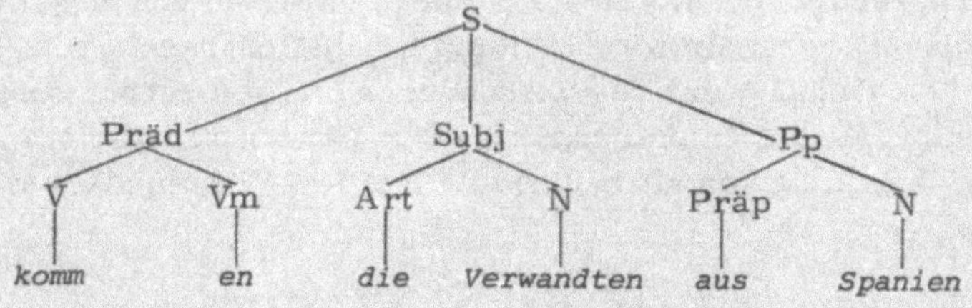

(155b)

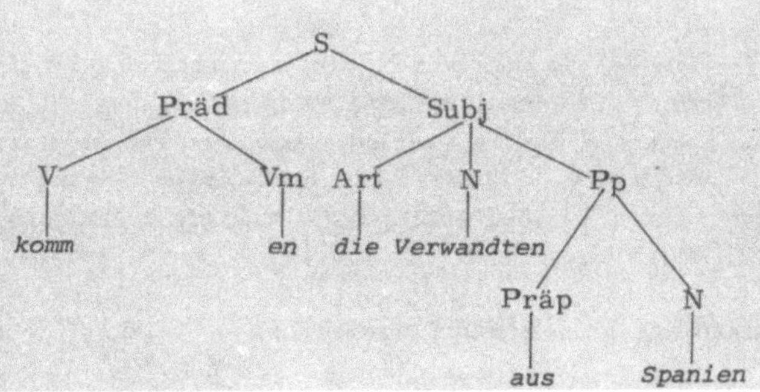

Die Möglichkeit zweier Herleitungen beschreibt genau die strukturelle Mehrdeutigkeit von (155). Es ist deshalb für eine gute syntaktische Beschreibung erforderlich, einen Satz mitsamt seiner syntaktischen Struktur zu charakterisieren. Die richtige Zuordnung von Mehrdeutigkeiten ist darum auch ein Kriterium für die Angemessenheit von Grammatiken. Grammatiken, die die gleiche Sprache charakterisieren und jedem Satz die gleiche Strukturbeschreibung zuordnen, heißen stark äquivalent.

Übungen

52 Schreiben Sie eine kleine Grammatik, die nur binäre Verzweigungen zuläßt (wo also rechts vom Pfeil höchstens zwei nicht-terminale Zeichen stehen dürfen) und formulieren Sie für die gleiche Sprache eine Grammatik, die n-näre Verzweigungen enthalten darf.
53 Schreiben Sie eine Grammatik, die die Zweideutigkeit von *die Untersuchung des Arztes* (= Nom) beschreiben kann.

3.2 Konstitutionssysteme

Wir wollen jetzt eine andere KF-Grammatik behandeln, die schwach äquivalent ist mit einer KF-PSG. Wir nennen sie Konstitutionssystem. Ein solches System besteht aus zwei Arten von Regeln:

(156) $[X_1, Y_1 + Y_2 + Y_3 + \ldots + Y_n]$

(157) $[Y_1, X_1 / X_2 / \ldots / X_n]$

Dabei stehen X_i und Y_i nicht für Ketten von Monemen, sondern für Mengen von Monemen. Das Komma bedeutet, daß eine Menge X_i links vom Komma sich konstituieren kann aus den Mengen rechts vom Komma. Darum kann das Komma auch generativ wie "→" gedeutet werden. Durch die Art der Verknüpfungszeichen rechts vom Komma sind die zwei Arten von Regeln unterschieden in Konjunktionsregeln wie (156) und Adjunktionsregeln wie (157). Dabei bedeutet "+", daß alle mit "+" verbundenen Mengen rechts vom Komma vorliegen können, "/", daß immer nur eine der Mengen rechts vom Komma vorliegen kann. Darum heißen auch Variable der Art Y_i Konjunkte und der Art X_i Adjunkte.

Beispiel 54 Wollen wir beschreiben, daß X_1 = *ein liebes Mädchen* besteht aus Y_1 = *ein*, Y_2 = *lieb*, Y_3 = *es*, Y_4 = *Mädchen*, so können wir dafür schreiben: $[X_1, Y_1 + Y_2 + Y_3 + Y_4]$ und, da X_i und Y_i Variable sind, damit zugleich eine Regel angeben, die auch für andre Syntagmen der gleichen Form gilt wie *ein schöner Graph*. Wollen wir beschreiben, daß ein Subjekt = Y_1 bestehen kann aus einem Satz = X_1 oder aus einer Infinitivkonstruktion = X_2 oder aus einem Pronomen = X_3 oder aus einem Nominale = X_4, so können wir dafür schreiben $[Y_1, X_1/X_2/X_3/X_4]$.

Wegen der Kommutativität der Verknüpfungszeichen "+" und "/" wird durch diese Regel noch nicht die endgültige Reihenfolge der Moneme in der Kette hergestellt. Dies hat den empirischen Vorteil, daß einfache Umstellungen von Monemen in Sätzen nicht notwendig eine Strukturänderung zur Folge haben, und das zu vermeiden scheint notwendig, weil diese Umstellungen keine semantische Änderung zur Folge haben müssen, die Struktur aber die Grundlage der semantischen Beschreibung bilden soll. Darum ist eine KF-PSG der oben definierten Art oft zu stark, da sie gleichbedeutenden Sätzen verschiedene Strukturen zuordnet. Für die Konstitutionsregeln gilt:

(158) "$[X_1, Y_1+Y_2]$" $\Leftrightarrow$ "$[X_1, Y_2+Y_1]$"

(159) "$[Y_1, X_1/X_2]$" $\Leftrightarrow$ "$[Y_1, X_2/X_1]$"

Außerdem sind alle Zeichen rechts vom Komma fakultativ und es gelten für die Argumentstelle vor dem Komma die gleichen Restriktionen wie für die vor "$\rightarrow$" in einer KF-PSG. Hinter dem Komma darf kein leeres oder ein einzelnes Zeichen stehen. Ein Konstitutionssystem ist eine Folge von Konstitutionsregeln, deren erste mit S beginnt, so daß jedes Adjunkt in einer Konstitutionsregel erklärt wird und jedes Konjunkt in einer Adjunktionsregel.

Beispiel 55 Ein sehr einfaches Konstitutionssystem für einen Teil des Deutschen könnte folgendermaßen lauten:

(K1)	$[S, V+VM+E_1+E_2+E_3+A_1]$	(1)
	$[E_i, ES/NOM_i]$	(2)
	$[ES, ET+S]$	(3)
	$[NOM_i, AR+ARM_i+ADJ+AM_i+N+NM_i+NOM_j]$	(4)
	$[A_1, AS/NOM_i]$	(5)
	$[AS, AT+S]$	(6)

Dazu kämen noch Lexikonregeln, die wir hier in der Form von Mengen schreiben. Dabei nennen wir die Zeichen, die in den Konstitutionsregeln nicht links vom Komma vorkommen, syntaktische Kategorien. Die Lexikonregeln zählen also die Elemente von syntaktischen Kategorien auf:

ET	{ *dass, ob, ∅, ...* }	(7)
AT	{ *weil, wenn, ...* }	(8)
AR	{ *ein, kein, dies, ...* }	(9)
ARM_i	{ *er, en, em, ...* }	(10)
ADJ	{ *schön, gross, dick, ...* }	(11)
AM_i	{ *e, er, ...* }	(12)
N	{ *Mann, Faden, Kerl, Hans, ...* }	(13)
NM	{ *e, ∅, ...* }	(14)
V	{ *komm, gib, ...* }	(15)
VM	{ *t, te, ...* }	(16)

Kommt ein Zeichen, das in einer vorhergehenden Regel schon einmal links vom Komma vorkam, in einer späteren Regel noch einmal rechts vom Komma vor, so sagen wir, es liegt eine Schleife vor, z.B. "S" in (3). Kommt das gleiche Zeichen in einer Regel links und rechts vom Komma vor, so sagen wir, es liegt eine direkte Schleife vor, z. B. "NOM" in (4). Mit dem Konstitutionssystem (K1) könnte man den Satz

(160) Weil ein Kerl kommt, gibt dieser Mann Hans einen dicken Faden.

durch folgenden Konstitutionsgraphen beschreiben:

(160a)

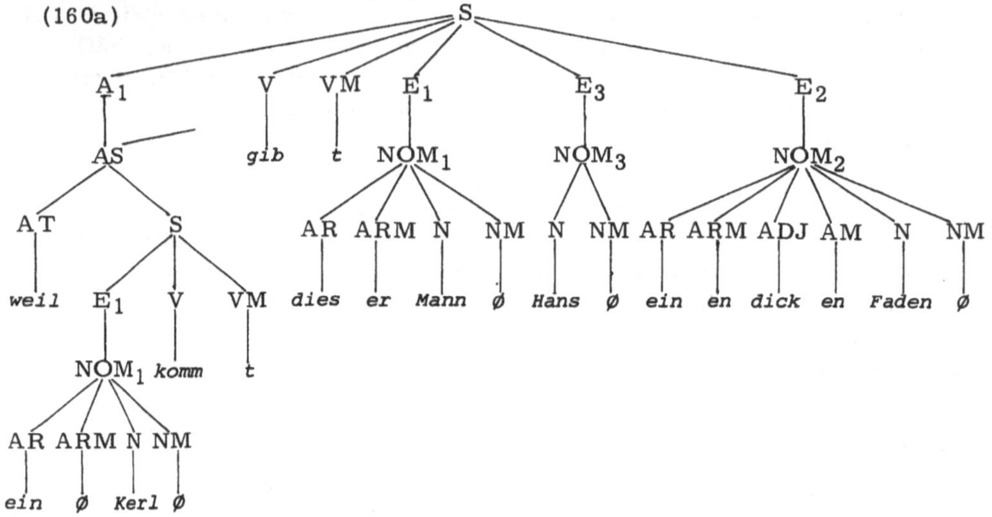

Wir sehen, daß die Schleifen im Konstitutionsgraphen nicht als solche auftreten, sondern sich so auswirken, daß das gleiche Zeichen in einem von ihm dominierten Zweig noch einmal vorkommt.

Konstitutionsgraphen und P-Marker kann man auch durch Klammern äquivalent beschreiben, indem man die Klammern indiziert und von oben nach unten für jeden Knoten einer Stufe eine Rechtsklammer und, wenn der Zweig beendet ist, eine Linksklammer macht. Der Graph (160a) wäre dann darstellbar durch:

(160b)((((*weil*) ((((*ein*) (∅) (*Kerl*) (∅)))
S A_1 AS AT AT S E_1 NOM_1 AR AR ARM ARM N N NM NM NOM_1 E_1
(*komm*) (*t*))) (*gib*) (*t*) (((*dies*) (*er*)
V V VM VM AS A_1 V V VM VM E_1 NOM_1 AR AR ARM ARM
(*Mann*) (∅))) (((*Hans*) (∅)))
N N NM NM NOM_1 E_1 E_3 NOM_3 N N NM NM NOM_3 E_3
(((ein) (en) (dick) (en) (Faden)
E_2 NOM_2 AR AR ARM ARM ADJ ADJ AM AM N N
(∅)))).
NM NM NOM_2 E_2 S

Bei Konjunktionsregeln für natürliche Sprachen ist es öfter der Fall, daß bestimmte Untermengen eines Konjunkts nur mit bestimmten Untermengen eines anderen Konjunkts vorkommen. In unserer normalen Schreibweise wären solche Untermengen erst in der nachfolgenden Adjunktionsregel einführbar. Dann könnten wir aber nicht mehr die Verträglichkeit der jeweiligen Untermengen ausdrücken.

Beispiel 56 Die Verbalmorpheme des Deutschen können nicht alle bei beliebigen Subjekten (E_1) stehen, z. B. ist abweichend

(161) Du geht.

Im Konstitutionssystem (K1) könnte man versuchen, dies durch Subklassifizierung von E_1 und VM zu beschreiben. Wenn wir aber die beiden Adjunktionsregeln für E_1 und VM folgendermaßen formulieren

(162) [E_1, $E1_1/E2_1/\ldots/E5_1$]

(163) [VM, VM1/VM2/.../VM5]

und annehmen $E2_1$ { *du* }, VM2 { *st* }, dann haben wir noch nicht beschrieben, daß $E2_1$ nur mit VM2 zusammen vorkommen darf. Zu diesem Zweck führen wir schon in die vorhergehende Konjunktionsregel einen Index ein, der die Kongruenz beschreibt:

(164) [S, Ej_1 + VMj +...]

Dieser Index, den wir Kongruenzindex nennen, kann auch Kongruenzen über das Komma hinweg beschreiben, was wir in der Regel (4) von (K1) schon benutzt haben.

Verwendet man bei nicht-terminalen Zeichen mehr als einen Index, dann kann man auf diese Weise auch die richtige Zuordnung in einer sog. Kreuzklassifikation beschreiben. Es würde z. B. Xij für i = 1, 2; j = 1, 2, 3, 4, 5 folgende Kreuzklassifikation beschreiben:

(165)

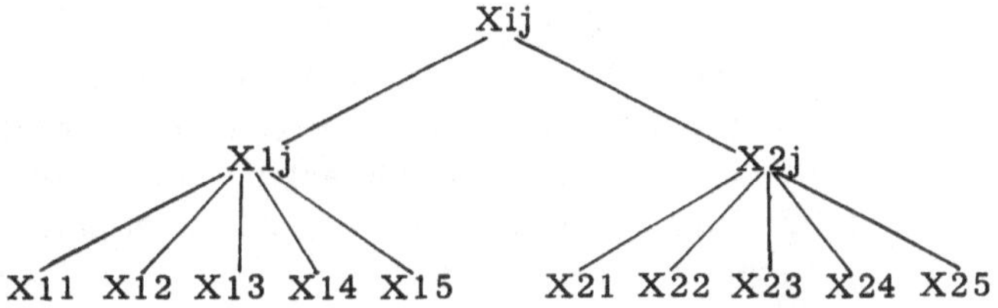

Eine Konjunktionsregel

(166) [Y_1, X_1ij + X_2ij...]

würde gleichzeitig noch die richtige Zuordnung der Untermengen regeln, so daß für i und j immer nur gleiche Zahlen eingesetzt würden, also $X_1$12 nicht vorkäme zusammen mit $X_2$13 usw.

Übungen

54 Übersetzen Sie die folgenden Regeln in Konstitutionsregeln ("+" ist Zeichen für Verkettung):

[1] $Y_1 \rightarrow \begin{Bmatrix} Y_{11} \\ Y_{12} \\ Y_{13} \end{Bmatrix}$

[3] $Y_{12} \rightarrow Y_{31} + Y_{32}$

[2] $Y_{11} \rightarrow Y_{21} + Y_{22} (+ Y_{23})$

[4] $Y_{21} \rightarrow \begin{Bmatrix} Y_{211} \\ Y_{212} \\ Y_{213} \end{Bmatrix}$

Müssen Sie neue Zeichen einführen? Ist eine präzise Übersetzung möglich?

55 Schreiben Sie (4) aus (K1) so um, daß die Kongruenz zwischen AR, ARM, AMN, N, NM beschrieben wird. Geben Sie Lexikonregeln an.

56 Erweitern Sie (4) aus (K1) so, daß alle im Deutschen möglichen nominalen Attribute durch Schleifen eingeführt und unzulässige Kombinationen ausgeschlossen werden.

57 Übersetzen Sie den folgenden Klammerausdruck in einen Konstitutionsgraphen:

(((a) ((a) (b)) (b)) (c) (d))
S X_1 X_1 X_1 X_1 X_2 X_2 X_3 X_3 S

3.30 Erzeugungsgrammatik und Rekognitionsgrammatik

Bisher haben wir nur Grammatiken kennengelernt, die die Sätze einer Sprache dadurch charakterisieren, daß sie sie erzeugen. Solche Grammatiken können Probleme lösen wie die Aufzählung der grammatischen Sätze einer Sprache mitsamt ihrer Strukturbeschreibung. Sie heißen generative Grammatiken oder Erzeugungsgrammatiken. Es stellt sich in der Linguistik aber auch das Problem, daß eine Kette x gegeben ist und festgestellt werden soll, ob diese Kette von einer Grammatik akzeptiert wird, also ob diese Kette ein Satz der beschriebenen Sprache ist. Eine solche Grammatik heißt eine Rekognitionsgrammatik.

3.31 Kategoriale Grammatik

Eine Rekognitionsgrammatik, die einer KF-PSG schwach äquivalent ist, ist die kategoriale Grammatik (KG), die wir im folgenden darstellen wollen. Eine solche Grammatik ordnet allen Konstituenten (Teilen) eines Satzes komplexe oder einfache Kategoriensymbole zu, die durch ein quasi-arithmetisches Kürzungsverfahren reduziert werden können. Ist das Ergebnis einer Kürzung s, dann ist die fragliche Kette von der Grammatik als Satz akzeptiert.

Beispiel 57 Nehmen wir an,

(167) Er liebt sie.

bestehe aus drei Teilen. Unsere Grammatik ordne den Teilen folgende Kategorien zu: *er* = n, *sie* = n, *liebt* = n\s/n. Dabei wird die letzte komplexe Kategorie gelesen n unter s, s über n. Das bedeutet, daß eine Kategorie zu s gekürzt werden kann, wenn unmittelbar links von ihr n und unmittelbar rechts von ihr n steht:

(167a) *er* *liebt* *sie*

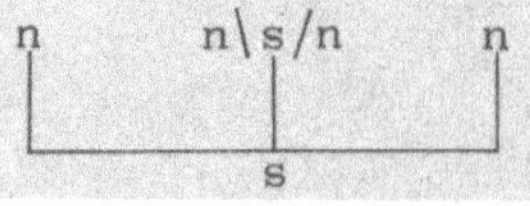

Verwenden wir für Variable von Kategorien kleine griechische Buchstaben, dann können wir die Kürzungsregeln formal definieren, wobei "\" und "/" enger binden als "$^\frown$" und dieses enger als "$\to$":

(168) $\alpha^\frown\alpha\backslash\beta \to \beta$

(169) $\beta/\alpha^\frown\alpha \to \beta$.

Diese Regeln sind wie folgt zu lesen: (168) falls α unmittelbar links von α unter β, kürze zu β, (169) falls α unmittelbar rechts von β über α, kürze zu β. Es darf nicht wie folgt gekürzt werden:

(170) $\alpha^\frown\alpha/\beta \to \beta$.

(171) $\beta\backslash\alpha^\frown\alpha \to \beta$.

Wir nennen in (168) und (169) "β" einen Operator und "α" jeweils sein Argument. Allgemein ist das, was direkt rechts von "\" steht und was direkt links von "/" ein Operator und zwar soweit, wie durch eine Klammer angegeben ist. "β" in (168) und (169) ist ein einstelliger Operator. Wie wir in (167a) gesehen haben, gibt es aber auch mehrstellige. Darum können wir unsre Regeln (168) und (169) allgemeiner für 2n-stellige Operatoren fassen:

(172) $\alpha_1{}^\frown\alpha_2{}^\frown\ldots{}^\frown\alpha_n{}^\frown(\alpha_1{}^\frown\alpha_2{}^\frown\ldots{}^\frown\alpha_n\backslash\beta/\gamma_1{}^\frown\gamma_2{}^\frown\ldots{}^\frown\gamma_n){}^\frown\gamma_1{}^\frown\gamma_2{}^\frown\ldots{}^\frown\gamma_n \to \beta$

Gemeinhin werden anders als in (167a) mehr als ein Teil eines Satzes aus komplexen Kategoriensymbolen bestehen, so daß sie zuerst gekürzt werden müssen. Dann geschieht die Kürzung in Stufen.

Beispiel 58

(173) *Ich weiss, dass Fritz kommt.*

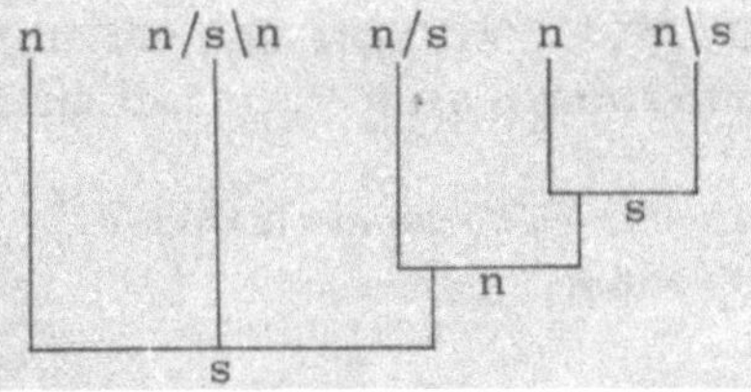

Als Kategorienzeichen haben wir schon komplexe und einfache unterschieden. Einfache Kategorienzeichen sind in unsrer Darstellung nur "n" und "s". Alle andern sind komplex. In einer ausführlichen kategorialen Grammatik einer natürlichen Sprache müßten eventuell mehr einfache Kategorien angenommen werden.

Es ist möglich, daß Monemketten mehreren Kategorien angehören. Dadurch werden mehrdeutige Sätze beschreibbar wie (155). Der Teil *kommen* würde nämlich einmal der Kategorie $s/n^\frown n$ und einmal s/n angehören. Außerdem müßte man auch annehmen, daß andre Teile des Satzes verschiedenen Kategorien angehören könnten. Wir würden für (155) z.B. folgende beiden Kürzungen erhalten, deren Verschiedenheit die Mehrdeutigkeit des Satzes beschreibt.

(155c) *Kommen die Verwandten aus Spanien?*

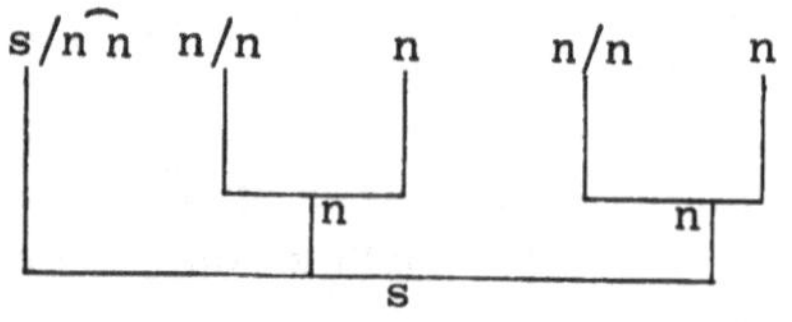

(155d) *Kommen die Verwandten aus Spanien?*

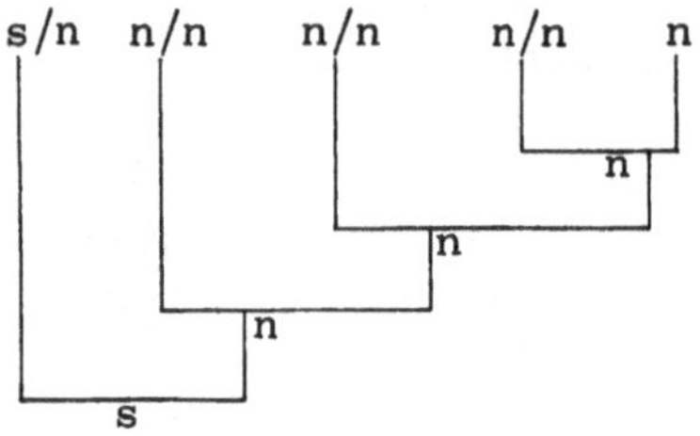

3.32 Definition einer kategorialen Grammatik

Eine kategoriale Grammatik kann definiert werden durch ein Quintupel KG = (V, E, s, R, Z), wobei V ein Vokabular ist, E* die Menge der Kategorien, d.i. die Menge der Ketten einfacher Kategorien unter "/" und "\", wenn also α_1 und α_2 einfache Kategorien sind, dann ist $\alpha_1\backslash\alpha_2 \in E^*$ und $\alpha_1/\alpha_2 \in E^*$, s ist eine ausgezeichnete Kategorie $s \in E$, R ist die Menge der Kürzungsregeln nach (172) und Z ist eine Zuordnungsfunktion auf V, so daß ihr Wertbereich $W \subset E^*$.

Man sagt, eine Kategorie α ist direkt kürzbar in β, wenn entweder

(i) $\alpha = \gamma^\frown c_1/c_2{}^\frown c_2{}^\frown\delta$ und $\beta = \gamma^\frown c_1{}^\frown\delta$ oder

(ii) $\alpha = \gamma^\frown c_2{}^\frown c_2\backslash c_1{}^\frown\delta$ und $\beta = \gamma^\frown c_1{}^\frown\delta$

Unformal heißt das, daß das Zeichen direkt neben einer unmittelbar anwendbaren komplexen Kategorie stehen muß.

Man sagt, eine Kategorie α ist kürzbar in β, wenn es Folgen $\gamma_o, \ldots, \gamma_k$ gibt, so daß $\alpha = \gamma_o$, $\beta = \gamma_k$ und γ_{j-1} direkt in γ_j kürzbar ist für $1 \leqq \gamma \leqq k$. Es muß also zwischen den beiden Kategorien eine ununterbrochene Folge direkter Kürzungen geben.

Übungen

58 Konstruieren Sie zwei Kürzungen, die die Zweideutigkeit von

(174) Man schneide zwei Tage alte Semmeln.

beschreiben.

59 Wie kann man in einer kategorialen Grammatik vorsehen, daß zwar akzeptiert werden *die alten Tage, alte Tage, die Tage,* nicht aber *alten die Tage?*

3.41 Dependenzgrammatik. Grundlegende Definitionen

Im folgenden Abschnitt werden wir eine andere Grammatik darstellen, die schwach äquivalent ist einer KF-PSG. Wir nennen sie Dependenzgrammatik. Eine Dependenzgrammatik beschreibt nicht die auf der Teil-Ganzes-Relation beruhende Struktur der Sätze, sondern die Struktur nach der Abhängigkeit der Teile, hier der Moneme.

Man kann feststellen, daß in einer Satzkette $m_1 m_2 \ldots m_n$ nicht nur eine lineare Relation der direkten Nachfolge besteht, sondern daß auch noch Zusammenhänge bestehen bezüglich der Kookkurrenz (Miteinandervorkommen) von Elementen.

So kann in

(175) *Jede gute Grammatik ist verbesserungswürdig.*

gute weggelassen werden, ohne an der Restkette etwas zu ändern, nicht aber *jede*. Eine solche Relation besteht aber nicht nur für benachbarte Elemente, sondern auch für weiter voneinander entfernte. Wir nennen sie Dependenz. Mit dieser Relation können wir (175) darstellen durch einen Dependenzgraphen der folgenden Form.

(175a)

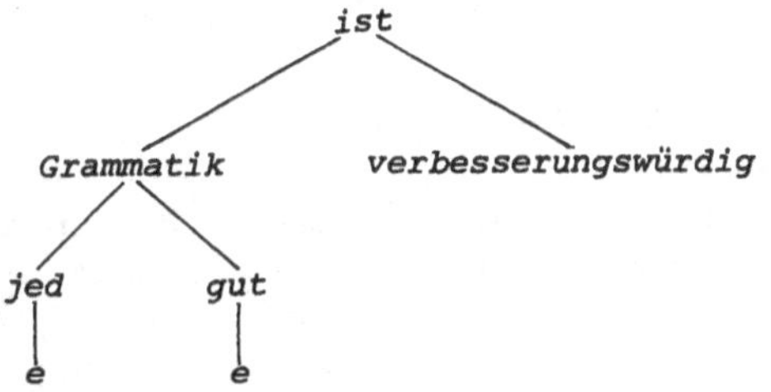

Darin repräsentieren die Kanten eine Relation, die wir Abhängigkeit nennen und mit der Dependenz definieren. Wenn wir einen Produktionspfeil "$\Rightarrow$" definieren durch: "$m_1 \Rightarrow m_2$" bedeutet "m_2 kann von m_1 abhängig sein", können wir eine generative Grammatik auf dieser Relation konstruieren.

Beispiel 59 Eine einfache Dependenzgrammatik (D1) für einen Teil des Deutschen wäre:

(D1)	V	$\Rightarrow N_1, N_2, \ldots N_n$, VM, ADJ, ADV	(1)
	N_i	$\Rightarrow$ ADJ, NM, AR	(2)
	ADJ	$\Rightarrow$ AM, ADV	(3)
	AR	$\Rightarrow$ ARM	(4)

Mit (D1) können wir Strukturen erzeugen wie

(176)

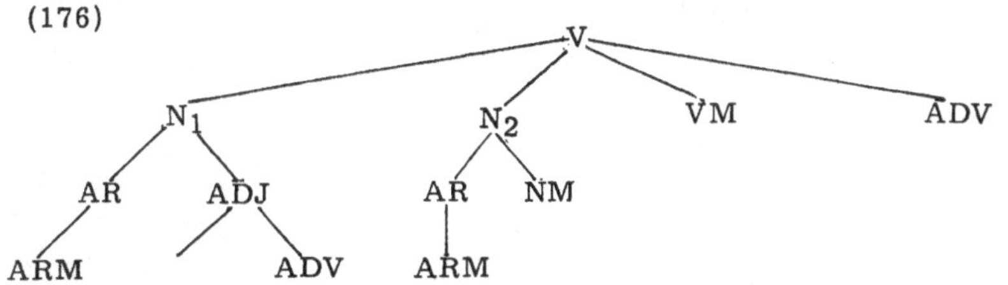

(Regel 1)
(Regel 2)
(Regel 3, 4)

Da hier sämtliche Zeichen für syntaktische Kategorien stehen, können wir durch eine Lexikonregel jedem Zeichen eine Menge von Monemen zuordnen und durch Auswahl aus dieser den Sätzen (177) und (178) die Struktur (176) zuordnen:

(177) Meine sehr schlechte Grammatik gefällt diesen Leuten nicht.

(178) Dieser gut gebaute Mann verschmäht heute keine Zigaretten.

Als Grundlage für eine Grammatik, die solche Satzstrukturen erzeugt, definieren wir Dependenz und Abhängigkeit. Wir verwenden dazu folgende Zeichen: "$D(k_1, k_2)$" für *k_2 ist dependent von k_1*, "$A(k_1, k_2)$" für *k_2 ist abhängig von k_1*", "$I(k_1, k_2)$" für *k_1 ist interdependent mit k_2*, und "$E(k_1)$" für *k_1 ist die einflussreichste Kette dieser Stufe*.

Sei A ein Vokabular von Monemen und $L \subset A^*$, $k_x \in L$, $k_i k_1 k_2 k_j \in L$:

(179) $D(k_1, k_2) = \text{def } k_i k_2 k_j \notin L$

(180) $I(k_1, k_2) = \text{def } D(k_1, k_2) \wedge D(k_2, k_1)$

(181) $A(k_1, k_2) = \text{def } (D(k_1, k_2) \wedge -D(k_2, k_1)) \vee (I(k_1, k_2) \wedge E(k_1))$

Dabei bedeutet, daß k_1 der einflußreichste Knoten ist, wenn von ihm die meisten Dependenzen ausgehen, in Graphen: wenn in ihm die meisten Kanten anstoßen.

Nach (180) ist die Interdependenz ein Sonderfall der Dependenz, sozusagen Dependenz in beiden Richtungen. Bei Interdependenz ist weder zugelassen $k_i k_1 k_j$ noch $k_i k_2 k_j$, wohl aber $k_i k_j$ und $k_i k_1 k_2 k_j$.

Diese Definitionen gelten nicht nur für Endketten, sie können auch übertragen werden auf Ketten aus dem Hilfsvokabular, z. B. D(N, Adj). Man müßte sie noch einschränken, so daß man Dependenz nur für Unterketten gleicher Stufe annimmt.

Übungen

60

(182) Mein sehr großes Ungeschick

k_1 k_2 k_3 k_4

sei ein Element des Deutschen. Wir wollen annehmen $D(k_4, k_3)$ und $-D(k_3, k_4)$. Danach müßte aber gemäß (179) $k_1 k_2 k_4 \in L$ gelten, was fürs Deutsche nicht zutrifft. Wie kann man trotzdem unsre Annahme halten?

61 Schreiben Sie eine Dependenzgrammatik, die deutsche Sätze erzeugen kann mit Subjekt-Prädikat-Akkusativobjekt-Struktur, wobei als Subjekt und Objekt Art⁀N und Sätze der angegebenen Struktur zugelassen sind, z. B. *der Mann weiss, dass die Maus die Katze sieht. Dass die Maus die Katze sieht, ärgert den Mann.*

3.42 Formalismus für Dependenzgrammatiken

Da unsere Grammatik (D1) nicht die Reihenfolge der Moneme in der Kette miterzeugt, verwendet man im allgemeinen für Dependenzgrammatiken eine andre Regelform:

(183) $X_i (X_{j1}, X_{j2}, \ldots, *, \ldots, X_{jn})$

Diese Regel gibt die Abhängigkeit der Elemente X_{jk} von X_i an. Der zweite Index bei X_{jk} bezeichnet die Stelle, an der ein Zeichen in der Kette steht, und der Stern hält den Platz frei für das regierende Element, das ja in der Kette nicht an erster Stelle stehen muß.
Neben Regeln der Form (183) gibt es noch Regeln:

(184) $*(X_i)$

(185) $X_i(*)$

(184) gibt an, daß X_i in einem Satz nicht regiert wird. Es heißt dann zentrales Element. Formal kann man das zentrale Element definieren durch: k_1 sei zentrales Element genau dann, wenn gilt:

(184a) $\exists k_1 \forall k_i(-A(k_i, k_1) \wedge \forall k_j(-A(k_i, k_j) \Rightarrow k_j = k_1))$

(185) gibt an, daß X_i kein anderes Element regiert, also Endzeichen ist.
Eine Dependenzgrammatik kann definiert werden durch ein Quintupel: DG = (H, E, z, Z, D), wobei H das Hilfsvokabular, die Menge der kategorialen Symbole ist, E die Vereinigung der syntaktischen Kategorien, also die Menge der Moneme einer Sprache, z ein ausgezeichnetes Element aus H, das zentrale Element, Z eine Zuordnungsfunktion, die den Zeichen aus H Moneme zuordnet, und D eine Menge von Regeln der Form (183), (184) und (185).
Für Dependenzgrammatiken sind sowohl generative wie auch rekognitive Algorithmen entwickelt worden. Wir wollen jetzt beide skizzieren.

3.43 Beispiele einer formalen Dependenzgrammatik. Erzeugung

Nehmen wir an, es sei folgende Grammatik gegeben:

(186)	$*(X_i)$	(1)
	$X_i(X_{j1}, X_{j2}, *, X_{j3})$	(2)
	$X_{j1}(X_{k1}, *, X_{k2})$	(3)
	$X_{j2}(*)$	(4)
	$X_{j3}(*)$	(5)
	$X_{k1}(*)$	(6)
	$X_{k2}(*)$	(7)

Will man mit diesen Regeln eine Satzstruktur erzeugen, so beginnt man mit dem zentralen Knoten, also mit der Regel, die mit "*" beginnt. Wir schreiben dieses Zeichen hin. Dann sucht man die Regel, in der das Zeichen als regierendes Zeichen, also vor der Rundklammer steht, in unserm Fall (2). Dieses Verfahren wird für alle Zeichen in der Klammer von (2) fortgesetzt, bis wir zu einer Regel der Form (185) kommen. Im Graphen müssen wir jeweils vom regierenden Knoten zu jedem regierten eine Kante eintragen.
Wir erhielten folgenden Graphen:

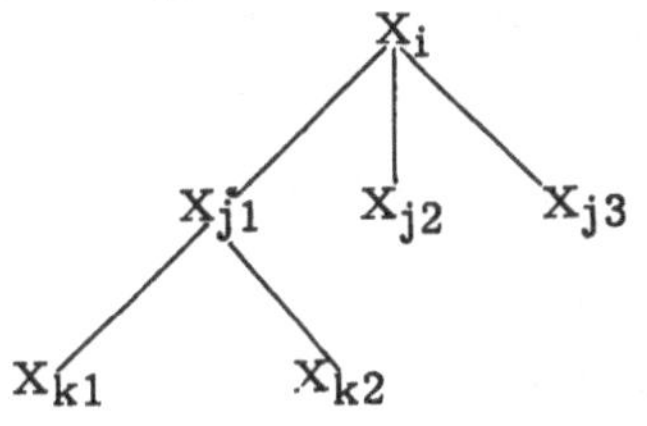

Will man Sätze dieser Struktur erzeugen, so muß man noch die Belegungsregeln benutzen, die jeweils ein Element aus der Kategorie anhängen an den Knoten mit dem jeweiligen Kategoriensymbol. Die in (187) generierte Kette wäre

(188) $X_{k1}\ X_{j1}\ X_{k2}\ X_{j2}\ X_i\ X_{j3}$.

Übungen

62 Schreiben Sie die Dependenzgrammatik aus Übung 61 um in Regeln der Form (183). Geben Sie auch Belegungsregeln an.
63 Nehmen Sie an, die Regeln der Form (183) seien so verändert, daß mittels Rundklammern fakultative Elemente gekennzeichnet würden. Es wäre

$X_1((X_2), *, X_3)$

eine Abkürzung für die alternativen Regeln

$X_1(X_2, *, X_3)$
$X_1(*, X_3)$

Es seien $a_{11}, a_{12}, \ldots, a_{21}, a_{22}, \ldots, a_{mn}$ Moneme der Kategorie A_n, also jedes Monem $a_{xi} \in A_i$.
Schreiben Sie eine Dependenzgrammatik, die folgende Ketten erzeugt:
a_{12}; $a_{13}a_{12}$; $a_{12}a_{15}$; $a_{13}a_{12}a_{15}$; $a_{11}a_{13}a_{14}a_{12}a_{15}$; a_{22}; $a_{23}a_{22}$; ...; a_{32}, ...
aber nicht: $a_{11}a_{13}$; a_{13}; $a_{11}a_{13}a_{14}$; a_{15}; $a_{13}a_{15}$; $a_{21}a_{23}$; ...
Ordnen Sie dabei alle Moneme a_{ij} einer Kategorie A_j zu.

3.44 Rekognition

Das rekognitive Verfahren geht den Weg, der bei der Erzeugung einer Kette gegangen wurde, sozusagen wieder zurück. Wir müssen also die Kette bis zu einem nach der Grammatik möglichen Zentralknoten zurückverfolgen. Kommt dieser Knoten in einer Regel der Form (184) vor, dann ist die Kette akzeptiert.

Wir wollen das an unserer Kette (188) zeigen. Dazu schreiben wir die Kette hin und kennzeichnen die Zeichen, die in einer Regel der Form (185) vorkommen:

(188a) $\overset{*}{X}_{k1}\ X_{j1}\ \overset{*}{X}_{k2}\ \overset{*}{X}_{j2}\ X_i\ \overset{*}{X}_{j3}$

Nun suchen wir eine Regel, die auf einen Teil der Kette anwendbar ist. (2) ist nicht anwendbar, weil sie die Reihenfolge $X_{j1}\ X_{j2} \ldots$ enthält, unsre Kette (188a) aber $X_{j1}\ X_{k2}\ X_{j2} \ldots$ Aber (3) ist anwendbar. Wir nehmen eine Art Kürzung vor, in der nur das regierende Element übrig bleibt, und erhalten:

(189)

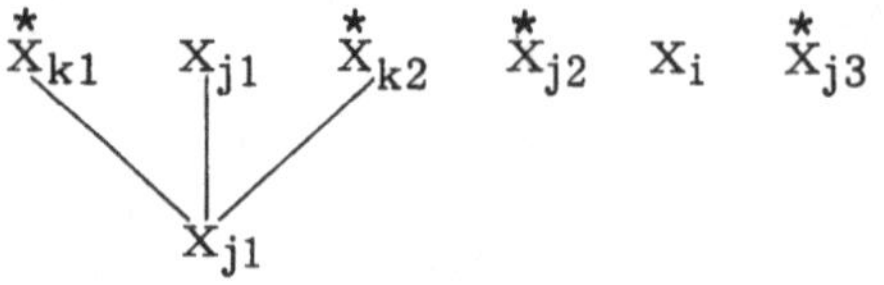

Würde unsere Grammatik auch die Regel:

$X_{j1}\ (X_{k1}, X_{k2}, *)$ (3a)

enthalten, dann könnten wir diese hier nicht anwenden, weil die Reihenfolge relevant ist und von der in der Kette verschieden. Auf (188a) wäre aber z.B. eine Regel

$$X_i (X_{k2}, X_{j2}, *) \quad (2a)$$

anwendbar, wenn unsre Grammatik sie enthielte. Sie würde jedoch nicht zu einer weiteren Kürzung gemäß den andern Regeln führen und damit auf keinen Fall zu einer Akzeptierung der Kette (188). Denn dafür ist Voraussetzung, daß man überhaupt einen Zentralknoten findet.
Nun suchen wir eine Regel, die auf (189) anwendbar ist, und zwar nur auf die nicht gekürzten Zeichen. (2) ist anwendbar. Wir bekommen, weil (2) vier Zeichen enthält, in einem Schritt:

(190)

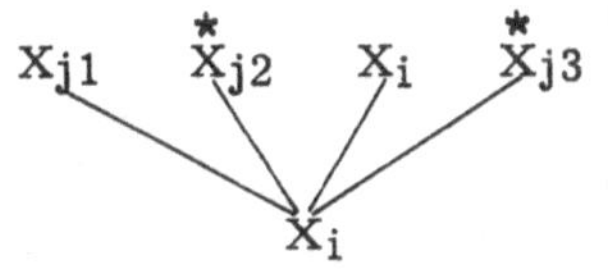

Nach (1) kann X_i Zentralknoten sein. Also ist (188) von unsrer Grammatik akzeptiert. Nicht akzeptiert wäre (188) von einer Grammatik, die statt (3) die Regel (3a) enthielte.

3.45 Projektivität

Es ist fraglich, ob man mit einer Grammatik aus Regeln der Form (183), (184), (185) alle Sätze einer natürlichen Sprache erzeugen kann, so daß man die Endkette durch Projektion des Dependenzgraphen nach unten erhält. Ein Satz heißt projektiv, wenn in der Projektion die Projektionslinien weder Dependenzkanten noch Projektionslinien schneiden. Eine Grammatik heißt projektiv, wenn sie nur projektive Sätze erzeugt. Projektiv ist (191), nicht projektiv sind (192), (193), (194):

(191)

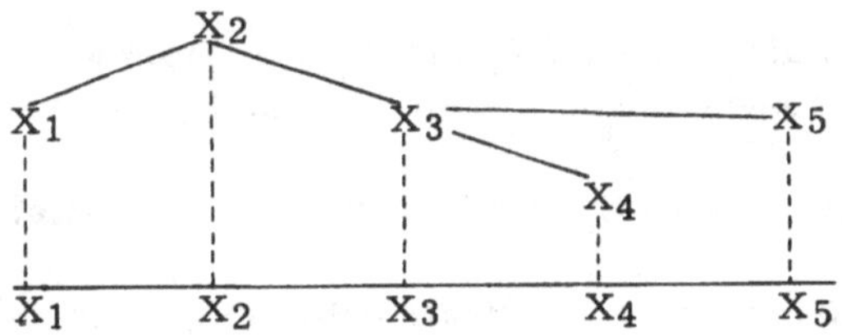

(192)

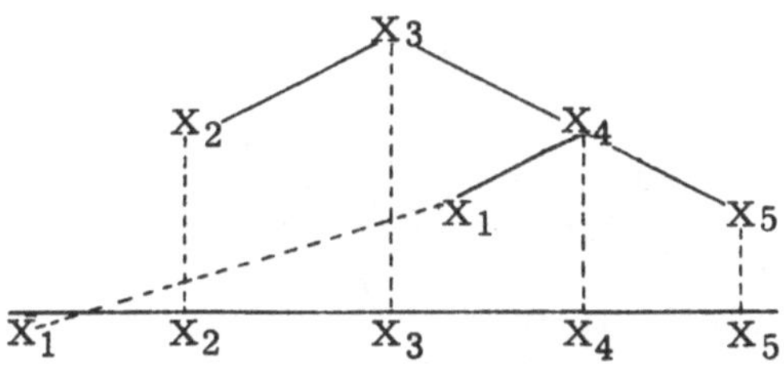

(193)

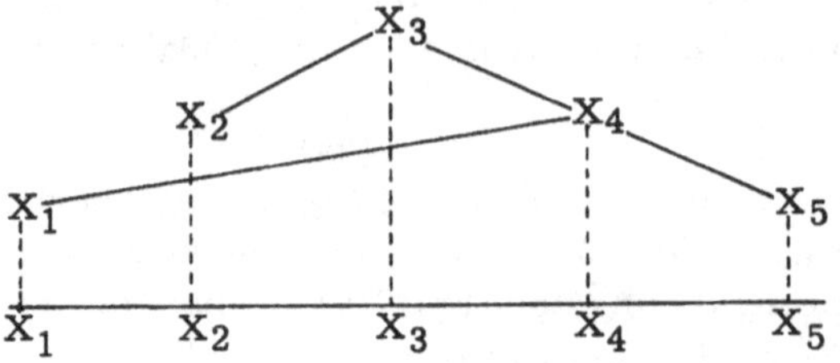

(194)

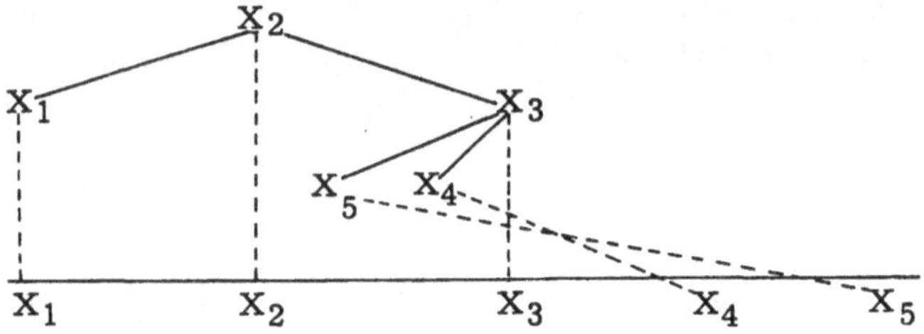

Die Bedingung dafür, daß ein Dependenzgraph projektiv ist lautet unformal: Wenn ein X_j nicht zu einem von X dominierten Zweig gehört, zu dem aber X_i und X_k gehören, dann kann X_j nicht zwischen X_i und X_k stehen oder anders formuliert: wenn X_j zwischen X_i und X_k stehen soll und es einen Weg gibt von X_i nach unten zu X_k, dann muß es einen Weg von X_i nach unten zu X_j geben.

(195)

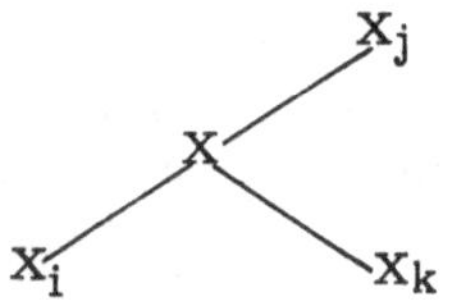

In (195) kann X_j auf keinen Fall zwischen X_i und X_k projiziert werden, wenn es nicht tiefer als X steht, genauer: von X oder X_i oder X_k aus nach unten erreichbar ist.
Das gleiche gilt, wenn X_i und X oder X_k und X vom gleichen Knoten regiert werden.
Empirisch machen zusammengesetzte Prädikate Schwierigkeiten, wenn man sie in projektiven Dependenzgraphen darstellen will. So wäre der Graph für

(196) Von niemandem wird der stille Mann gesehen.

nicht projektiv:

(196a)

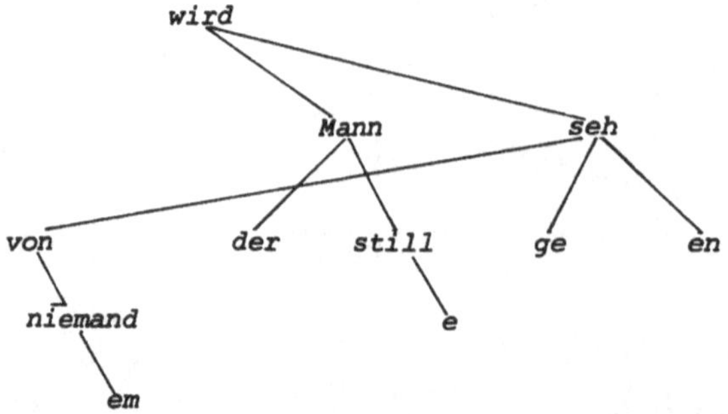

Es wäre aber möglich, ihn projektiv darzustellen. Nur müßte man dann andre Abhängigkeiten annehmen. Ob sich diese Annahme auch anders rechtfertigen läßt, ist fraglich:

(196b)

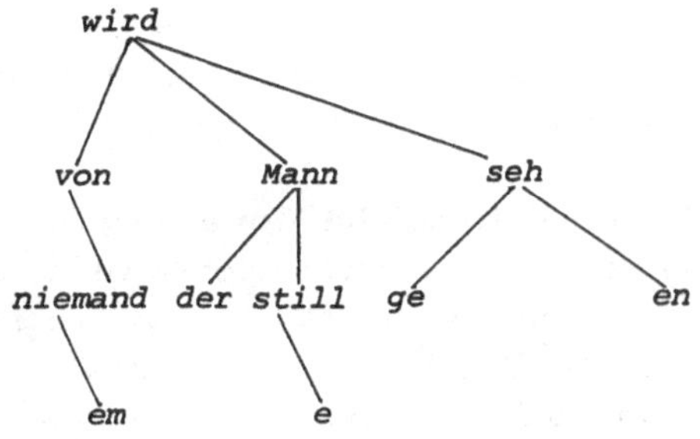

Übungen

64 Zeichnen Sie Dependenzgraphen für folgende Sätzteile und stellen Sie fest, ob sie projektiv sind: *ein ausserordentlich gut gelungener Scherz; hätte von uns verbessert werden können; über diesen gepflegten Gästen von gestern.*

65 Ändern Sie (194), so daß er projektiv wird.

3.5 Verstärkung von Phrasenstrukturgrammatiken

Die bisher behandelten kontextfreien Grammatiken reichen nicht aus, um natürliche Sprachen angemessen zu beschreiben. Es wurde deshalb versucht, an ihrer Stelle kontextsensitive Grammatiken zu benutzen. Da aber auch diese nicht allen Ansprüchen genügen und außerdem theoretische Schwierigkeiten mit sich bringen und sehr kompliziert würden, versucht man heute allgemein, mit kontextfreien Grammatiken einen Teil der zu beschreibenden Sprachen zu beschreiben, und zusätzlich andre Komponenten der Beschreibung anzunehmen, die Regeln andrer Art enthalten. Für sie stellen sich vor allem zwei empirische Aufgaben: (i) Sie sollen es ermöglichen, daß die Grammatik eine ausreichende Basis für eine semantische Beschreibung einer Sprache ist, (ii) sie sollen Zusammenhänge zwischen bestimmten Sätzen einer Sprache beschreiben. Da auch Phrasenstrukturgrammatiken Zusammenhänge zwischen Sätzen beschreiben, nämlich durch die Zuordnung gleicher und verwandter Strukturen, sind die hier gemeinten Zusammenhänge genauer zu spezifizieren. Im allgemeinen werden als Zusammenhänge, die über den Zusammenhang der konstitutionellen Struktur hinausgehen, solche zwischen folgenden Satzpaaren angesehen:

(197a) Jerry sieht den Zusammenhang.
(197b) Der Zusammenhang wird von Jerry gesehen.
(198a) Dienstag folgt auf Mittwoch.
(198b) Mittwoch kommt vor Dienstag.
(199a) Klaus übernachtet im Freien.
(199b) Seine Übernachtung im Freien hat Folgen.

3.51 Definition von Transformationsregeln

Am weitesten entwickelt sind die formalen Mittel zur Erfüllung der Aufgaben (i) und (ii) in der Transformationsgrammatik. Sie enthält eine Komponente, in der Strukturen mit einer KF-PSG erzeugt werden, und eine weitere, in der diese Strukturen in andre umgeformt werden können. Die Regeln, die diese Umformungen bewirken, heißen Transformationsregeln.
Transformationen (T) werden durch Regeln der folgenden Form beschrieben:

(200) $x_1 \Rightarrow x_2$

Dabei ist der Doppelpfeil wie der einfache eine Anweisung, daß die links von ihm stehende Kette durch die rechte wiedergeschrieben wird. Der Doppelpfeil wird hier nur benutzt, um T-Regeln von PSG-Regeln zu unterscheiden. Der wichtige Unterschied zwischen Regeln der Form (136a) und solchen der Form (200) ist, daß in T-Regeln auf beiden Seiten Ketten aus mehr als einem Zeichen stehen. Zusätzlich muß die Kette x_1 im Bezug auf einen Konstitutionsgraphen und damit auf eine Grammatik analysierbar sein. Das soll folgendes heißen: Sei zum Beispiel x_1 eine Endkette aus den Teilketten $k_1\ k_2 \ldots\ k_n$, dann muß jedes k_i dominiert werden von einem A_i in einem Konstitutionsgraphen. Darum kann eine Transformation auch in einfachen Fällen für die Strukturbeschreibung $A_1, A_2, \ldots, A_n$ formuliert werden. Sie ist dann anwendbar auf alle Ketten, die nach $A_1, A_2, \ldots, A_n$ analysierbar sind. Weil strenggenommen auch für x_2 die Analysierbarkeitsbedingung gelten muß, kann eine Transformation als Abbildung eines Konstitutionsgraphen auf einen andern verstanden werden.

Beispiel 60 Die T-Regel

(201) NOM⁀P⁀ADV ⇒ ADV⁀P⁀NOM

würde aus dem Konstitutionsgraphen (202) den Graphen (203) ableiten können und analog für alle mit (202) strukturgleichen Graphen:

(202)

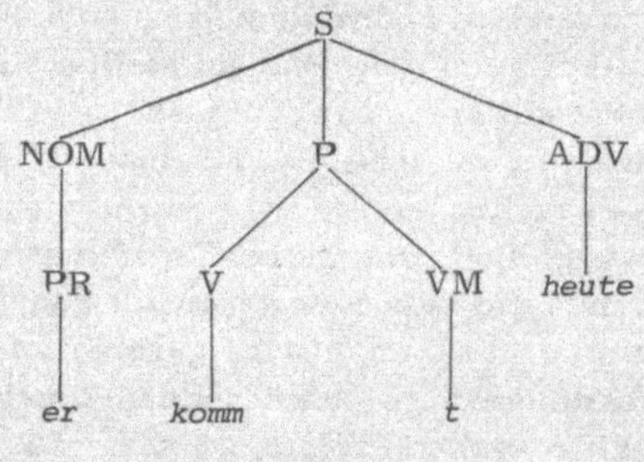

(203)

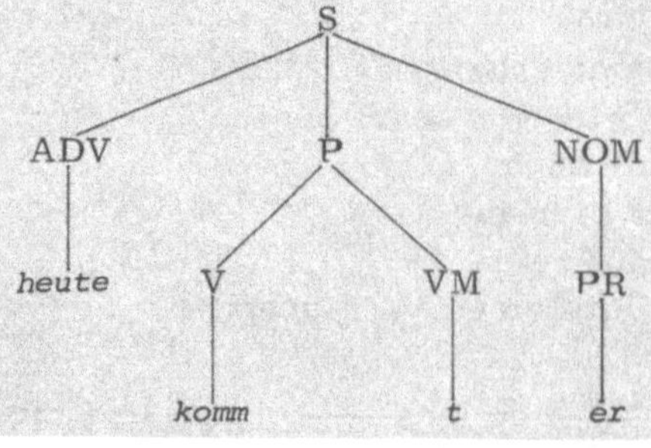

Graphentheoretisch ist diese Operation als Subtraktion und Zusammenheften von Untergraphen zu erklären.
T-Regeln werden folgendermaßen formuliert: Man gibt zuerst eine Strukturbeschreibung (SB), die eine nach einer PSG analysierbare Zeichenkette ist, und dann die durch die Transformation bewirkte Strukturänderung (SV), in der die Zeichen der SB durch Ziffern symbolisiert werden:

Beispiel 61

SB: NP⌒V⌒VM⌒NP

SV: 1 2 3 4 ⇒ 4⌒*werd*⌒3⌒*ge*⌒2⌒*en*⌒1

Abgekürzt schreibt man dafür auch

NP⌒V⌒VM⌒NP' ⇒ NP'⌒*werd*⌒VM⌒*ge*⌒V⌒*en*⌒NP

Die abgekürzte Schreibweise ist mißverständlich, weil die Unterscheidung der beiden "NP" durch Einstreichung nicht durch die PSG gerechtfertigt wird.

3.52 Deletion. Substitution. Permutation

Wir wollen nun die Form der wichtigen Transformationsarten (Deletion, Substitution, Permutation) darstellen und mit Beispielen für das Deutsche erklären.
Die Deletion (Tilgung) tilgt Elemente der Kette der SB in den entsprechenden Konstitutionsgraphen mitsamt den daranhängenden Knoten und Kanten, subtrahiert also Untergraphen. Ihre allgemeine Form ist:

(204) SB $X_1⌒X_2⌒X_3⌒X_4$

SV 1 2 3 4 ⇒ 1 ∅ ∅ 4

Das bewirkt in dem entsprechenden Konstitutionsgraphen folgende Veränderung:

(204a)

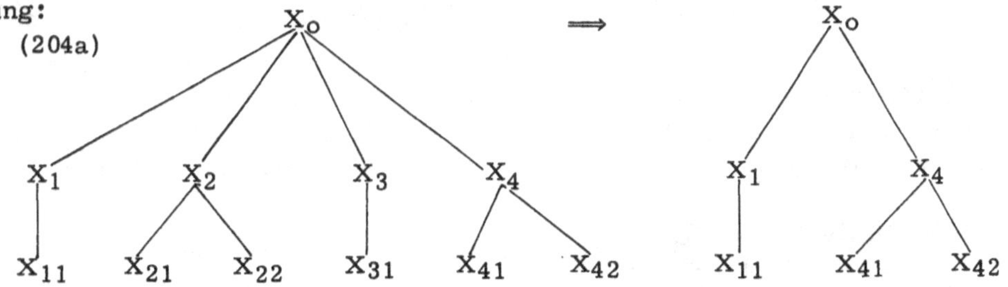

Beispiel 62 Sätze mit zweiwertigem Prädikat und fakultativer zweiter Ergänzung können im Fall, daß diese ausgelassen ist, aus den vollständigen Sätzen abgeleitet werden. Dies geht nicht so, daß ein bestimmter Satz aus einem andern abgeleitet wird, sondern durch Regeln über die Strukturen. Eine solche Regel wäre

(205) $E_1⌒P_{22}⌒E_2 \Rightarrow E_1⌒P_{22}$

Allerdings kann dies einfacher schon in der PSG vorgesehen werden durch

(205a) $X \rightarrow E_1⌒P_{22}(⌒E_2)$

Es müssen also besondere empirische Gründe für die Formulierung (205)

geltend gemacht werden. Im Gegensatz zu dieser Deletion von E_2 steht der Fall der echten Ellipse, wo ein bestimmtes Syntagma ausgelassen ist.

Die Substitution ersetzt Zeichen der SB durch andre in den entsprechenden Konstitutionsgraphen mitsamt den daranhängenden Knoten und Kanten. Ihre allgemeine Form ist:

(206) SB $X_1 \frown X_2 \frown X_3 \frown X_4$
SV 1 2 3 4 $\Rightarrow$ 1 2 $X_5 \frown X_6$

Dieses Zusammenheften bewirkt in den entsprechenden Konstitutionsgraphen folgende Veränderung:

(206a)

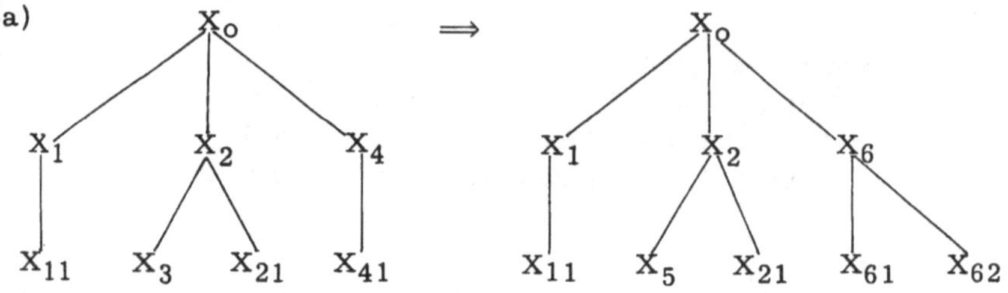

Beispiel 63 Wenn man die PSG so einrichtet, daß als Ergänzungen von Prädikaten nur Nominale möglich sind, kann man Ergänzungssätze an dieser Stelle durch Transformation einführen. Sätze der Struktur (207) könnten dann aus Sätzen der Form (208) erzeugt werden:

(207) Ich weiß, er kommt.

(208) Ich weiß diese Tatsache.

Die notwendige T-Regel wäre:

SB NOM $\frown P_{22} \frown$ NOM
SV 1 2 3 $\Rightarrow$ 1 2 S

Die Permutation bewirkt die Umordnung von Zeichen der SB in den entsprechenden Konstitutionsgraphen mitsamt den dominierten Zweigen. Sie könnte auch als spezielle Substitution beschrieben werden. Ihre allgemeine Form ist:

(209) SB $X_1 \frown X_2 \frown X_3 \frown X_4$
SV 1 2 3 4 $\Rightarrow$ 4 3 2 1

Dies bewirkt in den entsprechenden Konstitutionsgraphen folgende Änderung:

(209a)

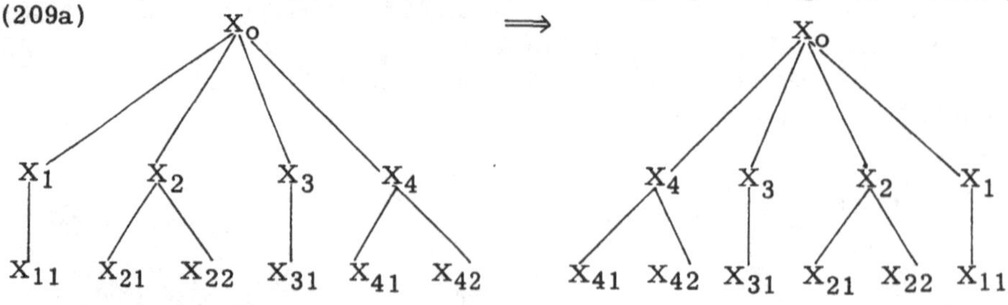

Beispiel 64 Geht man davon aus, daß eine PSG fürs Deutsche die folgende Reihenfolge der Satzglieder erzeugt:

(210) $E_1{}^\frown P{}^\frown E_2{}^\frown ADV$,

dann könnte man durch eine T-Regel die Spitzenstellung des Adverbs mit gleichzeitiger Inversion folgendermaßen beschreiben:

(211) SB $E_1{}^\frown P{}^\frown E_2{}^\frown ADV$
SV 1 2 3 4 ⇒ 4 2 1 3

Damit würde z.B. (212) erzeugt aus (213):

(212) Heute sieht er ihn.
(213) Er sieht ihn heute.

Übungen

66 Schreiben Sie eine PSG, die unter anderem folgende deutschen Sätze erzeugt, aber keine abweichenden:
Paul ist groß.
Emil ist klein.
Emil ist sehr groß.
Paul ist so groß.
Paul ist so groß wie Emil.
Emil ist größer als Paul.
Paul ist viel kleiner als Emil.
Schreiben Sie die PSG um, indem Sie zusätzlich T-Regeln verwenden.

67 Gegeben seien folgende Konstitutionsregeln für einen Teil des Deutschen:

[S, E_1 + V + VM + E_2] (1)
[E_i, NOM_i/ES] (2)
[NOM_i, AR+ARM+ ADJ+AM+N+NM+NOM_4] (3)
[ES, ET + S] (4)

a Formulieren Sie T-Regeln, die andre mögliche Verkettungen des Deutschen beschreiben als die, die man erhält, wenn man die in den Konstitutionsregeln angegebene Reihenfolge einhält:

b Ändern Sie (1) ab in

[S, E_1 + V + VM + E_2 + PT], (5)

so daß zusammengesetzte Prädikate erzeugt werden wie in *er hat ihn gesehen* (PT = Partizip Perfekt), und geben Sie dann weitere Verkettungsregeln.

3.60 Voraussetzungen der Phonemik

Als wichtiger Bestandteil einer universalen Sprache für phonemische Beschreibungen wird eine Menge M von Merkmalen angesehen, mit denen man Phoneme beschreiben kann. Diese Merkmale werden gewonnen aus den Eigenschaften der geäußerten Laute der natürlichen Sprache, deren Abgrenzung als Typen wiederkehrender Ausschnitte aus Kontinuen wir hier voraussetzen. Am geläufigsten ist die Methode, daß man die Merkmale als relevante

(a. distinktive) Eigenschaften der Laute gewinnt, wobei die Relevanz festgestellt wird durch Vergleich mit andern Lauten. Sei E eine Menge von Eigenschaften e_i und e_1 eine Eigenschaft von E_1 und e_2 eine von E_2. Dann sind e_1 und e_2 relevante Eigenschaften falls

(i) $E_1 - E_2 = \{e_1\} \wedge E_2 - E_1 = \{e_2\}$

(ii) es eine Lautkette gibt, in der der Austausch von E_1 gegen E_2 eine Bedeutungsänderung bewirkt.

(iii) $\exists E_i (e_1 \in E_i \wedge -(e_2 \in E_i))$

Die dritte Bedingung sichert, daß die Eigenschaften e_1 und e_2 unabhängig sind. Falls sie nicht unabhängig sind, können sie in einem Merkmal zusammengefaßt werden.

Die Merkmale m_i aus M können dabei akustisch z.B. 'kompakt', 'dunkel' oder artikulatorisch, z.B. 'nasal', 'gerundet' beschrieben werden.

Es ist behauptet und bisher nicht widerlegt worden, daß man zur Beschreibung natürlicher Sprachen mit einer Menge M von 12 Elementen auskomme und jedes Phonem durch die Angabe beschreiben könne, ob ein Merkmal m_i vorliegt oder nicht, u.zw. so, daß "$+m_i$" das Vorliegen des Merkmals m_i und das kontradiktorische "$-m_i$" das Nicht-Vorliegen von m_i beschreibt. Dieser sog. Binarismus ist oft kritisiert worden. Doch würde das Zutreffen dieser Kritik nichts an unseren formalen Überlegungen ändern, insbesondere nicht die Frage, welche Eigenschaft man dem positiv ausgezeichneten Merkmal zuordnen und welche dem negativ ausgezeichneten, da dies eine Konvention ist, die man durch Umbenennung ändern kann, indem man etwa "$-m_2$" für "$+m_1$" verwendet.

Jedes Phonem einer natürlichen Sprache ist nun beschreibbar als eine Untermenge P_i von M, also $P_i \subset M$, die man meistens voll spezifiziert, indem man durch "$-m_i$" auch angibt, welche Elemente sie nicht enthält. Da $+m_i$ und $-m_i$ kontradiktorische Merkmale sind, kann es in dieser Schreibweise kein Phonem $P_i = \{\ldots, +m_i, -m_i, \ldots\}$ geben. Die volle Spezifizierung ändert nichts an unseren weiteren Überlegungen und Definitionen. Deshalb werden wir sie auch öfter benutzen. Als Zeichen für Phoneme verwenden wir Großbuchstaben oder phonetische Zeichen zwischen Schrägstrichen, z.B. /ž/.

Beispiel 65 Die deutschen Vokale *u, o, i* kann man wie folgt beschreiben: U = {+dunkel, -kompakt, +tief}, O = {+dunkel, +kompakt, +tief}, I = {-dunkel, -kompakt, -tief}.

Die Menge aller möglichen Phoneme ist demgemäß identisch mit der Potenzmenge $\mathfrak{P}(M)$ von M, d.i. die Menge aller Untermengen von M.

Beispiel 66 Die Potenzmenge von $X = \{m_1, m_2, m_3\}$ ist $\mathfrak{P}(X) = \{\emptyset, \{m_1\}, \{m_2\}, \{m_3\}, \{m_1, m_2\}, \{m_2, m_3\}, \{m_1, m_3\}, \{m_1, m_2, m_3\}\}$.

Die leere Menge, die ja auch Element von $\mathfrak{P}(M)$ ist, würde als Pause interpretiert.
Da die Anzahl der Untermengen einer Menge mit n Elementen 2^n ist, würde eine universale Menge von 12 Merkmalen 2^{12} Phoneme beschreiben können.

3.61 Oppositionen und Korrelationen

In jeder einzelnen Sprache L_i ist jeweils nur eine Untermenge PS_i von $\mathfrak{P}(M)$ zugelassen, die wir auch das Phonemsystem von L_i nennen. Dies ist z.T. bedingt durch Redundanzen, die es ermöglichen, daß bei Vorliegen eines Merkmals m_1 auch ein anderes, etwa m_2, vorliegen muß. Eine solche Redundanz ist etwa bei den meisten deutschen Konsonanten, daß mit '+dauernd' immer '+weicher Abglitt' vorkommt. Die Elemente von PS_i werden i.a. ermittelt durch eine kontrastive Methode, auf die wir hier nicht näher eingehen. PS_i hat im Vergleich zu $\mathfrak{P}(M)$ nur wenig Elemente, z.B. im Deutschen etwa 36. PS_i hat meistens eine innere Struktur, deren Beschreibung die Beschreibung von PS_i verbessert. Diese Struktur beruht auf bestimmten Beziehungen der $P_j \in PS_i$, die wir mittels Oppositionen beschreiben können. Die am häufigsten benützten Opposistionen wollen wir noch einmal im Zusammenhang definieren:

(214) $PO(P_1, P_2) = \text{def } P_1 \subset P_2 \vee P_2 \subset P_1$

(215) $AO(P_1, P_2) = \text{def } P_1 \cap P_2 \neq \emptyset \wedge P_1 \neq P_2 \wedge P_1 \neq \emptyset \wedge P_2 \neq \emptyset$

(216) $NO(P_1, P_2) = \text{def } P_1 = P_2$

(217) $DO(P_1, P_2) = \text{def } P_1 \cap P_2 = \emptyset \wedge P_1 \neq \emptyset \wedge P_2 \neq \emptyset$

Es gilt nach diesen Definitionen:

(218) $NO \subset PO$.

"PO" heißt privative Opposition, "AO" äquipollente Opposition, "NO" Nullopposition und "DO" disjunktive Opposition. $P_1 - P_2$ und $P_2 - P_1$ heißen die Differenzen einer Opposition.

Seien $XO(P_{11}, P_{12})$ und $XO(P_{21}, P_{22})$ zwei beliebige Oppositionen, dann sagt man, sie seien proportional, wenn gilt:

(219) $P_{11} - P_{12} = P_{21} - P_{22}$ und

(220) $P_{12} - P_{11} = P_{22} - P_{21}$

Den Satz (221) nennt man dann eine Proportion:

(221) $XO(P_{11}, P_{12}) \sim XO(P_{21}, P_{22})$.

Beispiel 67 Sei

P_{11} = T = {-vokal., +konsonant., +anterior, +koronal, ..., +gespannt}
P_{12} = D = {-vokal., +konsonant., +anterior, +koronal, ..., -gespannt}
P_{21} = K = {-vokal., +konsonant., -anterior, -koronal, ..., +gespannt}
P_{22} = G = {-vokal., +konsonant., -anterior, -koronal, ..., -gespannt}

Dann gilt: T-D = {+gespannt} = K-G; D-T = {-gespannt} = G-K. Da gemäß (219), (220) die Differenzen identisch sind, gilt für (T, D) und (K, G) auch (221). Sie bilden eine Proportion.

Eine Opposition heißt isoliert, wenn sie mit keiner anderen Opposition proportional ist.

Beispiel 68 Im Deutschen ist die Opposition (P, Š) isoliert, da keine proportionale Opposition mit der Differenz P-S = {-dauernd, +vorn, -hoch} existiert, z.B. nicht (B, Ž).

Setzt man eine isolierte Opposition proportional fort, z.B. XO(B, P) ~ XO(Y, S), so kommt man zu einem Phonem Y, das nicht in L_i existiert. Ein solches Y nennt man eine case vide (leeres Fach).

Beispiel 69 Im Deutschen wäre Ž eine case vide, wegen PO(P, Š) ~ PO(B, Ž).

Alle Proportionen sind transitiv:

(222) $"XO(P_1, P_2) \sim XO(P_3, P_4) \wedge XO(P_3, P_4) \sim XO(P_5, P_6)" \Rightarrow "XO(P_1, P_2) \sim XO(P_5, P_6)"$.

Seien $XO(P_1, P_2)$, $XO(P_3, P_4)$, ... Proportionen, dann heißt die Menge dieser Oppositionen eine Korrelation. Eine Korrelation im engeren Sinne liegt vor, falls XO = PO.

Beispiel 70 Eine Korrelation bilden die deutschen Phoneme T, D, K, G, P, B. Man schreibt sie gewöhnlich so, daß die Differenzen in Spalten untereinander stehen und die Basis der Proportion, das ist $P_1 \cap P_2$ für $PO(P_1, P_2)$, auf der gleichen Zeile steht:

T	K	P
D	G	B

Die Zeilen werden manchmal Serien, die Spalten Ordnungen genannt. Diese Unterscheidung wird durch Subklassifizierung der Merkmale begründet, da sich in der Waagrechten der Artikulationsort ändere, in der Senkrechten die Artikulationsart. Formal ist die Unterteilung nicht begründbar, weil man durch Änderung der Definition von Opposition und Korrelation auch zu einer Darstellung

T	D
K	G
P	B

kommen kann.

Übungen

68 Machen Sie eine Merkmalsbeschreibung der deutschen Phoneme A, E, I, O, U unter Benutzung von W. G. Moulton, The Sounds of English and German, Chicago (Ill.) 1962, oder einer anderen Behandlung deutscher Vokale. Welche Oppositionen bestehen zwischen diesen Phonemen?

69 Stellen Sie eine Korrelation auf für /p/, /k/, /m/, /n/, /t/, /ŋ/.

3.62 Distributionen

Sei PS_i die Menge der Phoneme einer Sprache L_i und k eine Kette von Elementen aus PS_i, so daß k von Pausen begrenzt ist, dann ist der Wortschatz W_i von L_i nicht die Menge aller k, weil in L_i nicht alle möglichen Ketten k zugelassen sind. Es ist also nicht $W_i = PS_i^*$, falls wir PS_i^* als freies Moniod über PS_i definieren.

Beispiel 71 Das deutsche Phonemsystem enthält die Phoneme P, T, G, aber PTG, GTP sind keine Elemente des deutschen Wortschatzes.

Nun kann man zwar keine phonematischen Regeln formulieren, mit denen man genau die Menge der Wörter oder Moneme einer natürlichen Sprache beschreiben kann, man kann aber Restriktionsregeln formulieren, die eine Teilmenge von PS_i^* charakterisieren, die ihrerseits den Wortschatz als Teilmenge enthält. Solche Regeln bestehen in der Angabe, daß bestimmte Phoneme oder Phonemketten nicht in der Nachbarschaft anderer Phoneme oder Phonemketten vorkommen können.

Beispiel 72 Im Deutschen kann X (geschrieben *h*) nicht vorkommen in der Kette ØXL. Es gibt also keine mit *hl* anlautenden Wörter.

Falls $k_1, k_2, k_3 \in PS_i^*$ und $k_1, k_2, k_3 \in L_i$, dann sagt man, (k_1, k_3) sei ein in L_i zugelassener Kontext von k_2.

Beispiel 73 Sei k_1 = WU, k_3 = ST und k_2 = R, dann bildet (k_1, k_3) für k_2 einen im Deutschen zugelassenen Kontext, nicht hingegen für k_2 = W.

Die Menge aller Paare (k_1, k_3), die einen für k_2 in L_i zugelassenen Kontext bilden, heißen Distribution D (a. Verteilung) von k_2:

(223) $D(k_2) = \{(k_1, k_3) | k_1 k_2 k_3 \in L\}$.

Beispiel 74 Zur Distribution von W gehört im Deutschen (O, E), nicht aber (WU, ST).

Man kann aufgrund der Definition (223) verschiedene Relationen zwischen den Distributionen je zweier Phoneme definieren:

Zwei Phonemketten k_{21} und k_{22} stehen in komplementärer Verteilung genau dann, wenn gilt:

(224) $D(k_{21}) \cap D(k_{22}) = \emptyset$

Beispiel 75 Die deutschen Phoneme /h/ und /ŋ/ stehen in komplementärer Verteilung. /h/ steht nur im Anlaut (also ØH...) und vor Vokalen außer unbetontem E und I, /ŋ/ vor unbetontem E und I, im Auslaut und vor Konsonanten.

Zwei Phonemketten k_{21} und k_{22} stehen in identischer Verteilung genau dann, wenn gilt:

(225) $D(k_{21}) = D(k_{22})$.

Beispiel 76 Die deutschen Phoneme A und O stehen in identischer Verteilung, da A in den gleichen Kontexten vorkommt wie O.

Zwei Phonemketten k_{21} und k_{22} stehen in teilkomplementärer Verteilung genau dann, wenn gilt:

(226) $D(k_{21}) \neq D(k_{22}) \wedge D(k_{21}) \cap D(k_{22}) \neq \emptyset$

Beispiel 77 Die deutschen Phoneme /n/ und /ŋ/ stehen in teilkomplementärer Verteilung. Sie haben einige Kontexte gemeinsam, z.B. in *sinnen: singen, rinnen: ringen,* hingegen kann vor /k/ nur /ŋ/ stehen, z.B. *Tank, Ranke* und im Anlaut nur /n/, z.B. *niemand, null.*

Zwei Phonemketten stehen in defektiver Verteilung genau dann, wenn gilt:

(227) $D(k_{21}) \subset D(k_{22}) \vee D(k_{22}) \subset D(k_{21}) \wedge D(k_{21}) \neq D(k_{22})$

Beispiel 78 Die deutschen Phoneme G und K stehen in defektiver Verteilung. Im Anlaut nach S steht nur K und ebenfalls im Auslaut, sonst haben sie gleiche Kontexte.

Die Regeln über die kontextuelle Verträglichkeit von Phonemen kann man abstrakter formulieren, wenn man den inneren Aufbau der Phoneme berücksichtigt. So ist das Beispiel 72 nur ein Sonderfall einer Regel fürs Deutsche, die besagt, daß nach ∅X kein Phonem folgen kann, das ein Merkmal '-vokalisch' enthält.

Übungen

70 Geben Sie einen Kontext an, in dem zwar A stehen kann, nicht aber N.
71 Nennen Sie deutsche Phoneme, die nicht im Kontext (/s/, /l/) stehen können.
72 In welcher Art von Verteilung stehen /x/ und /ç/ im Deutschen? (/x/ entspricht dem *ch* in *Nacht*, /ç/ dem *ch* in *nicht*).
73 Sei X eine Variable für Phoneme. Welche der folgenden Kette sind im Deutschen zugelassen: XD∅, XK∅, XO∅, XB∅, XT∅, XG∅?

3.63 Generative Regeln

Die kontextuellen Verträglichkeiten beschränken sich nicht auf generelle Aussagen wie in 3.62. Es kommt nämlich nicht nur vor, daß Phoneme in bestimmten Kontexten nicht stehen können, sondern auch, daß sie sich in bestimmten Kontexten regelmäßig verändern. Zur Beschreibung der Veränderung von Phonemen durch ihren Kontext kann man Ersetzungsregeln der folgenden

Form verwenden:

(228) $P_1 \rightarrow P_2/X\_\_Y$

Diese Regel besagt, daß P_1 im Kontext (X, Y) ersetzt wird durch P_2. Man könnte mit ihr die Veränderung von G zu K im Kontext $\_\_\emptyset$ beschreiben. Der Kontext braucht dabei nicht nur phonematisch angegeben zu sein. Er kann auch syntaktische Merkmale enthalten in der Form indizierter Klammern, wie wir sie in (160b) eingeführt haben:

(229) $P_1 \rightarrow P_2/X\_\_Y]_K$

Beispiel 79 Eine syntaktisch bedingte Phonemänderung liegt im Deutschen vor, wenn wir aus dem Adjektiv *kalt* ein Verb bilden. Wir müssen dabei das Phonem A ändern je nach der syntaktischen Kategorie des resultierenden Verbs: Ist es einwertig, so bleibt A:

(230) Die Suppe erkaltet.

Ist es zweiwertig, so wird A durch E ersetzt:

(231) Man erkältet sich leicht.

Wir könnten das in der folgenden, allerdings sehr speziellen Regel formulieren (P_{22} = zweiwertiges Prädikat, VM = Verbalmorphem):

(232) $A \rightarrow E/[\ \textit{erk}\_\_\_\textit{lt}\ \ VM]_{P_{22}}$

Eine derartige Erweiterung der kontextuellen Regeln wird deshalb notwendig, weil man bei der Beschreibung der Sätze einer Sprache mindestens zwei Komponenten annimmt, einerseits die Syntax, die z.B. in einem der behandelten Formalismen geschrieben sein kann, andererseits das Lexikon, in dem die kleinsten bedeutungstragenden Einheiten (Moneme) nach syntaktischen Kategorien geordnet aufgezählt sind. Für die Moneme muß im Lexikon eine phonematische und eine semantische Beschreibung vorgesehen sein. Da nun aber bei der syntaktischen Kombination von Monemen sich deren phonematische Beschreibungen ändern können, müssen für diese Veränderungen eigene Regeln vorgesehen sein, u.zw. solche, die u.U. auch syntaktische Merkmale berücksichtigen.

Ähnlich wie bei den syntaktischen Regeln in 3.15 können wir auch hier abkürzende Schreibkonventionen einführen. In Analogie zu (a) und (b) in 3.15 nehmen wir an, daß

(233) $P_1 \rightarrow P_2/X_1(X_2)\_\_Y_1$

eine Abkürzung ist für

(233a) $P_1 \rightarrow P_2/X_1X_2\_\_Y_1$
$P_1 \rightarrow P_2/X_1\_\_Y_1$

und

(234) $P_1 \rightarrow P_2/\left\{\begin{matrix}X_1\\X_2\end{matrix}\right\}\_\_Y_1$

eine Abkürzung ist für

(234a) $P_1 \rightarrow P_2/X_1\_\_Y_1$
$P_1 \rightarrow P_2/X_2\_\_Y_1$

Außerdem kann man mehrfache Kontextbedingungen angeben. Nach (137) ist

(228) eine andre Schreibweise für

(228a) $XP_1Y \rightarrow XP_2Y$.

Demgemäß wäre eine Regel mit doppelter Kontextbedingung

(235) $P_1 \rightarrow P_2/X_1\_\_X_2/Y_1\_\_Y_2$

eine andre Schreibweise für

(235a) $Y_1X_1P_1X_2Y_2 \rightarrow Y_1X_1P_2X_2Y_2$,

wie die zweimalige Anwendung der Äquivalenz von (233) und (233a) zeigt. Die Schreibweise (235) hat den Vorteil, daß man bestimmte Regeln einfacher schreiben kann. Z.B. kann man zwei Regeln wie

(236) $P_1 \rightarrow P_2/X_1X_2\_\_X_3\emptyset$

$P_1 \rightarrow P_2/X_1X_2\_\_X_3X_4$

zusammenfassen zu

(236a) $P_1 \rightarrow P_2/X_2\_\_X_3/\left\{\begin{matrix} X_1\_\_\emptyset \\ X_1\_\_X_4 \end{matrix}\right\}$

Neben den bisher eingeführen Zeichen benutzt man noch "#" für eine Wortgrenze und "+" für eine Monemgrenze.

Beispiel 80 Für die Formulierung der Regel, daß X im Deutschen nach hellen Vokalen /ç/ entspricht, muß die Monemgrenze berücksichtigt werden, da nach + auch /ç/ steht, etwa /tauxən/ mit /x/ und /tau+çən/ 'kleines Tau' mit /ç/.

Die Zeichen P_i in (228) fassen wir als Abkürzungen auf für Mengen von Merkmalen, die wir in Eckklammern untereinanderschreiben. Dann könnte z.B. (228) so geschrieben werden:

(237) $$\begin{bmatrix} +m_1 \\ +m_3 \\ +m_4 \\ . \\ . \\ . \\ -m_n \end{bmatrix} \rightarrow \begin{bmatrix} +m_1 \\ -m_2 \\ -m_4 \\ . \\ . \\ . \\ -m_n \end{bmatrix} / \begin{bmatrix} +m_1 \\ -m_2 \\ +m_5 \end{bmatrix} \_\_ \begin{bmatrix} +m_1 \\ +m_2 \\ -m_3 \end{bmatrix}$$

Eine solche Darstellung hat den erheblichen Vorteil, daß sie gleichartige Veränderungen verschiedener Phoneme in einer Regel beschreiben kann, weil eine Regel, die für eine Untermenge U von $\mathfrak{P}(M)$ formuliert ist, auf alle Untermengen von $\mathfrak{P}(M)$ angewendet wird, die U als Untermenge haben.

Sei z.B. $P_1 = \{+m_1, +m_2, +m_3, -m_4\}$

$P_2 = \{-m_1, +m_2, +m_3, +m_4\}$

$P_3 = \{-m_1, +m_2, +m_3, +m_4, -m_5\}$

$P_4 = \{+m_1, +m_2, +m_5, -m_6\}$

$P_5 = \{+m_1, +m_2, +m_5, +m_6\}$

Dann würde durch

(238) $$\begin{bmatrix} +m_2 \\ +m_3 \end{bmatrix} \rightarrow \begin{bmatrix} -m_2 \\ +m_7 \end{bmatrix} / \_\_ \begin{bmatrix} +m_2 \\ +m_5 \end{bmatrix}$$

im Kontext (X, P_4) und (X, P_5) P_1 verändert zu $P_{11} = \{+m_1, -m_2, -m_4, +m_7\}$, P_2 zu $P_{21} = \{-m_1, -m_2, +m_4, +m_7\}$ und P_3 zu $P_{31} = \{-m_1, -m_2, +m_4, -m_5, +m_7\}$.

Beispiel 81 Ein solcher Fall ist der Umlaut im Deutschen, der nicht nur in der Ersetzung A → E/__X besteht, sondern ähnlich auch bei andern umlautfähigen Phonemen auftritt. Deshalb kann in einer Regel der Umlaut allgemeiner beschreiben werden. Eine solche Regel wäre:

$$(239) \quad \begin{bmatrix} \text{+vokal.} \\ \text{-konsonant.} \\ \text{+hinten} \\ \text{+Umlaut} \end{bmatrix} \rightarrow \begin{bmatrix} \text{+vokal.} \\ \text{-konsonant.} \\ \text{-hinten} \\ \end{bmatrix} \quad /X\_\_Y$$

Sie würde A in E, U in Ü und O in Ö usw. überführen.

(239) ist als Beschreibung der deutschen Umlautverhältnisse aber noch vollkommen ungenügend, weil der Umlaut einer Reihe noch näher zu spezifizierender Bedingungen unterliegt, die z. T. durch genaue Beschreibung des Kontexts (X, Y) anzugeben wären. Dazu kommt, daß er nicht rein phonematisch beschreibbar ist. Er wird etwa durch ganze Suffixe bewirkt wie durch *lich* in *schwärzlich*. Es müßte bereits im Lexikon gekennzeichnet sein, welche Moneme umlauten können und welche nicht, z. B. *Wand - Wändchen, Tante - Tantchen*. Dazu müßte das Merkmal [+Umlaut] aus (239) den Monemen im Lexikon mitgegeben werden. Will man all das einbeziehen, so müßte man auch den hier gebotenen Formalismus noch erweitern.

Übungen

74 Formulieren Sie eine Ersetzungsregel für die in Übung 73 behandelte Änderung von G zu K, B zu P und D zu T im Auslaut deutscher Wörter.
75 Geben Sie eine Regel für die Alternation von E und I [+Alt] bei deutschen Verben wie *geb (gebe: gibst)*. Kann diese Regel auch auf die Ausgabe von (239) angewendet werden?

4.1 Zusammenstellung wichtiger Formeln, Definitionen und Regeln

(15)	x/a,d	Einsetzung von a oder d für x
(41a)	$"p \rightarrow q" \Leftrightarrow "-(p \wedge -q)"$	
(42)	$"p" \Leftrightarrow "--p"$	
(43)	$"p \wedge q" \Leftrightarrow "q \wedge p"$	Kommutativität
(44)	$"p \vee q" \Leftrightarrow "q \vee p"$	
(45)	$"(p \wedge q) \wedge r" \Leftrightarrow "p \wedge (q \wedge r)" \Leftrightarrow "p \wedge q \wedge r"$	Assoziativität
(46)	$"(p \vee q) \vee r" \Leftrightarrow "p \vee (q \vee r)" \Leftrightarrow "p \vee q \vee r"$	
(47)	$"p \vee (q \wedge r)" \Leftrightarrow "(p \vee q) \wedge (p \vee r)"$	Distributivität
(48)	$"p \wedge (q \vee r)" \Leftrightarrow "(p \wedge q) \vee (p \wedge r)"$	
(49)	$"-(p \vee q)" \Leftrightarrow "-p \wedge -q"$	
(50)	$"-(p \wedge q)" \Leftrightarrow "-p \vee -q"$	
(51)	$"p \leftrightarrow q" \Leftrightarrow "(p \rightarrow q) \wedge (q \rightarrow p)"$	
(52)	$"p \leftrightarrow q" \Leftrightarrow "q \leftrightarrow p"$	
(53)	$"p \rightarrow q" \Leftrightarrow "-q \rightarrow -p"$	
(54)	$"p \wedge p" \Leftrightarrow "p"$	
(55)	$"p \vee p" \Leftrightarrow "p"$	
(56)	$"p" \Rightarrow "p \vee q"$	
(57)	$"p \wedge q" \Rightarrow "p"$	
(58)	$"p \leftrightarrow q" \Rightarrow "p \rightarrow q"$	
(59)	$"(p \rightarrow q) \wedge (q \rightarrow r)" \Rightarrow "p \rightarrow r"$	Transitivität
(60)	$"(p \leftrightarrow q) \wedge (q \leftrightarrow r)" \Rightarrow "p \leftrightarrow r"$	
(61)	$"(p \vee q) \wedge -p" \Rightarrow "q"$	

(68)	"$\exists xP(x) \vee \exists xQ(x)$" $\Leftrightarrow$ "$\exists x(P(x) \vee Q(x))$"	
(70)	"$\forall xP(x)$" $\Leftrightarrow$ "$-\exists x-P(x)$"	
(71)	"$\exists xP(x)$" $\Leftrightarrow$ "$-\forall x-P(x)$	
(72)	"$-\forall xP(x)$" $\Leftrightarrow$ "$\exists x-P(x)$"	
(73)	"$-\exists xP(x)$" $\Leftrightarrow$ "$\forall x-P(x)$"	
(87)	"$M_1 \subset M_2$" $\Leftrightarrow$ "$\forall x(x \in M_1 \rightarrow x \in M_2)$"	Inklusion
(88)	"$M_1 = M_2$" $\Leftrightarrow$ "$M_1 \subset M_2 \wedge M_2 \subset M_1$"	Gleichheit
(90)	"M_1 und M_2 überlappen sich " $\Leftrightarrow$	
	"$\exists x(x \in M_1 \wedge x \in M_2) \wedge M_1 \neq M_2$"	
(91)	"M_1 und M_2 sind disjunkt" $\Leftrightarrow$	
	"$-\exists x(x \in M_1 \wedge x \in M_2)$"	
(93)	$M_1 \cup M_2 = \{x \mid x \in M_1 \vee x \in M_2\}$	Vereinigung
(94)	$M_1 \cap M_2 = \{x \mid x \in M_1 \wedge x \in M_2\}$	Durchschnitt
(95)	$(A \cap B) \subset (A \cup B)$	
(96)	$M_2 - M_1 = \{x \mid x \in M_2 \wedge x \notin M_1\}$	Komplement
(97)	$M_1 \cup M_2 = M_2 \cup M_1$	Kommutativität
(98)	$M_1 \cap M_2 = M_2 \cap M_1$	
(99)	$(M_1 \cap M_2) \cap M_3 = M_1 \cap (M_2 \cap M_3) =$	
	$M_1 \cap M_2 \cap M_3$	Assoziativität
(100)	$(M_1 \cup M_2) \cup M_3 = M_1 \cup (M_2 \cup M_3) =$	
	$M_1 \cup M_2 \cup M_3$	
(101)	$(M_1 \cup M_2) \cap M_3 = (M_1 \cap M_3) \cup (M_2 \cap M_3)$	Distributivität
(102)	$(M_1 \cap M_2) \cup M_3 = (M_1 \cup M_3) \cap (M_2 \cup M_3)$	
(104)	$M_1 \times M_2 = \{(x_1,x_2) \mid x_1 \in M_1 \wedge x_2 \in M_2\}$	Kartesisches Produkt
(105)	$(x_1,x_2) \neq (x_2,x_1)$	n-tupel
(108)	$R^n \subset M_1 \times M_2 \times \ldots \times M_n = \{(x_1,x_2,\ldots x_n)$	n-stellige Relation
	$\mid x_1 \in M_1 \wedge x_2 \in M_2 \wedge \ldots \wedge x_n \in M_n\}$	
(109)	$R_1 \cap R_2 = \{(x_1,x_2,\ldots,x_n) \mid R_1(x_1,x_2,\ldots,x_n)$	

	$\wedge\ R_2(x_1,x_2,\ldots,x_n)\}$	Durchschnitt
(110)	$R_1 \cup R_2 = \{(x_1,x_2,\ldots,x_n) \mid R_1(x_1,x_2,\ldots,x_n)$	
	$\vee\ R_2(x_1,x_2,\ldots,x_n)\}$	Vereinigung
(111)	$R_2 = Kn\ R_1 = \{(x_2,x_1) \mid R_1(x_1,x_2)\}$	Konverse
(112)	$R_1 \mid R_2 = \{(x_1,x_2) \mid \exists x_3(R_1(x_1,x_3) \wedge R_2(x_3,x_2))\}$	Relationsprodukt
(113)	$\forall x R(x,x)$	reflexiv
(114)	$\forall x - R(x,x)$	irreflexiv
(115)	$\forall x_1 \forall x_2(R(x_1,x_2) \Rightarrow R(x_2,x_1))$	symmetrisch
(116)	$\forall x_1 \forall x_2(R(x_1,x_2) \Rightarrow -R(x_2,x_1))$	asymmetrisch
(117)	$\forall x_1 \forall x_2 \forall x_3(R(x_1,x_2) \vee R(x_2,x_3) \Rightarrow R(x_1,x_3))$	transitiv
(118)	$\forall x_1 \forall x_2 \forall x_3(R(x_1,x_2) \wedge R(x_2,x_3) \Rightarrow -R(x_1,x_3))$	intransitiv
(119)	$R(x_1,x_2) \wedge R(x_3,x_2) \Rightarrow x_1 = x_3$	voreindeutig
(120)	$R(x_1,x_2) \wedge R(x_1,x_3) \Rightarrow x_2 = x_3$	nacheindeutig
(122)	$f \circ g = h = def(f \circ g)(x) = f(g(x)) = h(x)$	Produkt von Funktionen
(123)	$(f \circ g) \circ h = f \circ (g \circ h)$	Assoziativität
(124)	$f \circ g = g \circ f$	Kommutativität
(125)	$f \circ e = e \circ f = f$	neutrales Element
(126)	$f \circ f^{-1} = f^{-1} \circ f = e$	inverses Element
	$G = (A,o,e)$	Gruppe
	$M = (A,o)$	Halbgruppe
	$S = (A,AX,AS,R)$	formales System
	$T = (A,B,Q,P)$	Turingmaschine

wobei A = Eingabealphabet, B = Ausgabealphabet, Q = Menge der Zustände, P = Menge von Regeln der Form

(128)	$q_i\ Z_k\ Z_l\ q_j$	(Q1)	
	$q_i\ Z_k\ L\ q_j$	(Q2)	
	$q_i\ Z_k\ R\ q_j$	(Q3)	
	$G = (K,R,f)$		Graph
	$K = (A,H,S,P)$		Kombinatorisches System
(136)	$x_1 \rightarrow x_2$		Produktionsregel für Kombinatorische Systeme
(137)	$yx_1z \rightarrow yx_2z$		
(143)	$PSG = (V,E,S,P)$		Phrasenstrukturgrammatik
(144)	$X \rightarrow \emptyset$		nicht zugelassene
(145)	$\emptyset \rightarrow x$		Regeln ins PSG
(146)	$X_1X_2 \rightarrow X_2X_1$		(Kommutation)
(147)	$X_1X_2 \rightarrow X_1$		(Reduktion)
(148)	$X_1 \rightarrow X_1$		
(156)	$[X_1,Y_1 + Y_2 + Y_3 ... + Y_n]$		Konstitutions - regeln
(157)	$[Y_1,X_1/X_2/.../X_n]$		
(158)	"$[X_1,Y_1 + Y_2]$" $\Leftrightarrow$ "$[X_1,Y_2 + Y_1]$"		
(159)	"$[Y_1,X_1/X_2]$" $\Leftrightarrow$ "$[Y_1,X_2/X_1]$"		
	$KG = (V,E,s,R,Z)$		Kategoriale Grammatik
(168)	$\alpha^\frown\alpha\backslash\beta \rightarrow \beta$		Kürzungsregeln
(169)	$\beta/\alpha^\frown\alpha \rightarrow \beta$		
(179)	$D(k_1,k_2) =$ def $k_ik_1k_2k_j \in L \wedge k_ik_2k_j \notin L$		
(180)	$I(k_1,k_2) =$ def $D(k_1,k_2) \wedge D(k_2,k_1)$		
(181)	$A(k_1,k_2) =$ def $(D(k_1,k_2) \wedge -D(k_2,k_1))$ $\vee$ $(I(k_1,k_2) \wedge E(k_1))$		
	$DG = (H,E,z,Z,D)$		Dependenzgrammatik

(183)	$X_i(X_{j^1}, X_{j^2}, \ldots, *, \ldots, X_{jn})$	Regeln einer DG
(184)	$*(X_i)$	
(185)	$X_i(*)$	
(204)	SB $X_1 \frown X_2 \frown X_3 \frown X_4$	
	SV $1\ 2\ 3\ 4 \Rightarrow> 1\ \emptyset\ \emptyset\ 4$	Deletion
(206)	SB $X_1 \frown X_2 \frown X_3 \frown X_4$	
	SV $1\ 2\ 3\ 4 \Rightarrow 1\ 2\ X\ \ X$	Substitution
(209)	SB $X_1 \frown X_2 \frown X_3 \frown X_4$	
	SV $1\ 2\ 3\ 4 \Rightarrow 4\ 3\ 2\ 1$	Permutation
(214)	$PO(P_1, P_2) = \text{def } P_1 \subset P_2 \vee P_2 \subset P_1$	Private Opposition
(215)	$AO(P_1, P_2) = \text{def } P_1 \cap P_2 \neq \emptyset \lambda P_1 \neq P_2 \wedge P_1 \neq \emptyset \wedge P_2 \neq \emptyset$	Äquipollente Opposition
(216)	$NO(P_1, P_2) = \text{def } P_1 = P_2$	Nullopposition
(217)	$DO(P_1, P_2) = \text{def } P_1 \cap P_2 = \emptyset \wedge P_1 \neq \emptyset \wedge P_2 \neq \emptyset$	Disjuktive Opposition
(219)	$P_{11} - P_{12} = P_{21} - P_{22}$ und $P_{12} - P_{11} = P_{22} - P_{21}$	Bedingungen für Proportion
(221)	$XO(P_{11}, P_{12}) \sim XO(P_{21}, P_{22})$	Proportion
(222)	$"XO(P_1, P_2) \sim XO(P_3, P_4) \wedge XO(P_3, P_4) \sim XO(P_5, P_6)" \Rightarrow "XO(P_1, P_2) \sim XO(P_5, P_6)"$	
(223)	$D(k_2) = \{(k_1, k_3) \mid k_1 k_2 k_3 \in L\}$	Distribution
(224)	$D(k_{21}) \cap D(k_{22}) = \emptyset$	komplementäre Distribution
(225)	$D(k_{21}) = D(k_{22})$	identische Distribution
(226)	$D(k_{21}) \neq D(k_{22}) \wedge D(k_{21}) \cap D(k_{22}) \neq \emptyset$	teilkomplementäre Distribution
(227)	$D(k_{21}) \subset D(k_{22}) \vee D(k_{22}) \subset D(k_{21}) \wedge D(k_{21}) \neq D(k_{22})$	

(228) $P \Rightarrow P \;/X\_\_\_Y$ Phonemersetzung

(237)
$$\begin{bmatrix} +m_1 \\ +m_3 \\ +m_3 \\ \cdot \\ \cdot \\ \cdot \\ -m_n \end{bmatrix} \longrightarrow \begin{bmatrix} +m_1 \\ -m_2 \\ -m_4 \\ \cdot \\ \cdot \\ \cdot \\ -m_2 \end{bmatrix} \qquad \begin{bmatrix} +m_1 \\ -m_2 \\ +m_5 \end{bmatrix} \longrightarrow \begin{bmatrix} +m_1 \\ +m_2 \\ -m_3 \end{bmatrix}$$

Phonemersetzung in Merkmalschreibweise

4.2 Lösungen der Übungen

1 Es sind keine eindeutigen Lösungen möglich, weil in den Sätzen der natürlichen Sprache nicht immer klar ist, was gemeint ist.
So kann man (6) in der angegebenen Form verstehen, aber auch als

(6a) *Die Sonne* ist größer als *der Mond*.

Darum werden im folgenden nur die Möglichkeiten angegeben, die am wahrscheinlichsten sind.

(4a) *Haus* wird flektiert wie *Kind*.
(5a) *Arbor* bedeutet das gleiche wie *Baum*.
(6a) Die Sonne ist größer als der Mond.
(7a) *Singen* wurde vorhin zitiert.
(8a) Klaus ist einsilbig.
(8b) *Klaus* ist einsilbig.

2a Die Kasse ist Subjekt von (9).
Die Kasse ist Teil von (9).
Die Kasse ist ein Ding.
Ein Ding ist Subjekt von (9).
Ein Ding ist Teil von (9).

b Es werden Sprache und Welt verwechselt. So kommt im Hauptsatz von (iv) nicht die Kasse vor, weshalb man sich auch nicht auf sie beziehen kann. Es kommt nur das Zeichen *die Kasse* vor. Man kann (iv) überhaupt nicht korrekt formulieren. Denn in

(v) *Die Kasse* ist Subjekt von (9), da von ihr...

ist der Bezug des femininen Pronomens *ihr* nicht möglich, weil es sich nur auf die Kasse und nicht auf das Zeichen *die Kasse* beziehen kann. Von der Kasse ist aber im Hauptsatz gar nicht die Rede.
Ebenso unmöglich ist

(vi) *Die Kasse* ist Subjekt von (9), da von ihm ausgesagt wird, daß sie stimmt.,

weil hier der Bezug von *sie* nicht möglich ist. Falsch wäre auch *es* statt *sie*, da ja nicht das Subjekt, also das Zeichen *die Kasse*, stimmt.

3 (10a) B(e, c)
"B" = "besiegt", "e" = "Eintracht", "c" = "Concordia".
(11a) E(k, p, kl)
"E" = "erinnerte...an", "k" = "Klaus", "p" = "Paul", "kl" = "Klara".
(12a) Z(h, s, m)
"Z" = "liegt zwischen ...und", "h" = "Heidelberg", "s" = "Stuttgart", "m" = "Mannheim".
(13a) W(h)
"W" = "ist ein Wort", "h" = "*Haus*"
(14a) V(2, 4, 3, 9)
"V" = "verhält sich zu...wie...zu", "zwei" = "2", "vier" = "4", "drei" = "3", "neun" = "9".

Die verwendete logische Sprache unterscheidet sich vom Deutschen dadurch, daß sie keine diskontinuierlichen Konstituenten enthält wie z.B. "liegt zwischen ... und", wo ein Argument zwischen Teile dieses Satzteils tritt.

4 (16a) W(s) Sf
(17a) M(p,f) S
(17b) H(p,e,f) Sf
(18a) E(2,8) S
(19a) G(j,b) Sf
(20a) S(a,b,c) S

5 Satzteile, die man linguistisch als Substantive bezeichnet, sind logisch manchmal Prädikate; zu logischen Prädikaten zählt man in Übersetzungen öfter auch Teile, die linguistisch als Präpositionen oder Partikeln angesehen werden; logische Prädikate sind nicht zusammengesetzt, sie bestehen nur aus Minimalzeichen, z.B. *P, Q,* usw. Dagegen können linguistische Prädikate aus zwei *(reit|et)* oder mehr *(werd|en|grün)* Minimalzeichen bestehen.

6 (21a) $K(g_1, 1)$ (21b) $K(x_1, x_2)$
(22a) $K(g_1, g_2)$ (22b) $K(x_1, x_2)$
(23a) $K(g_1, g_1)$ (23b) $K(x_1, x_1)$

Dabei ist (23b) ein Sonderfall von (21b), der möglich ist, weil für (21b) nicht eine Bedingung $x_1 \neq x_2$ gilt. Bei echten reflexiven Prädikaten kann man das Reflexivpronomen nicht gegen andre Pronomina oder Nomina austauschen. Darum ist es nicht notwendig, solche sprachlichen Prädikate mit zweistelligen logischen Prädikaten zu übersetzen. Es genügt also *S(a)* als Übersetzung von *Anna schämt sich.* Im Zusammenhang damit sind auch sprachliche Dubletten zu sehen wie *x badet/ x badet sich.*

7 Nur 11 der 27 möglichen Dreierkombinationen von *e, m* und *s* sind im Deutschen mögliche Wortanfänge. Eine der optimalen Lösungen der Aufgaben kann 6 dieser 11 Kombinationen beschreiben.
Sie lautet: x_1/*m,s*; x_2/*e*; x_3/*e,m,s* und würde folgende möglichen Wortanfänge beschreiben: *mee(r), mem(me), mes(ser), see, sem(mel), ses(sel).*
Nur 5 der 11 Möglichkeiten beschreibt: x_1/*e;* x_2/*m,s;* x_3/*e,s,m,* aber außerdem einen *(esm),* der im Deutschen nicht zugelassen ist. Die Aufgabe zeigt, daß dieser Formalismus zur Lösung derartiger Beschreibungsprobleme nicht besonders angemessen ist. Denn es gibt keine Möglichkeit, mit voneinander unabhängigen Belegungsregeln alle 11 Möglichkeiten des Deutschen zu beschreiben.

8 (33a) $(p \leftrightarrow q) \rightarrow -p \wedge q \wedge r$
(34a) $(p \vee q) \wedge r \rightarrow (r \wedge q) \vee p$

9

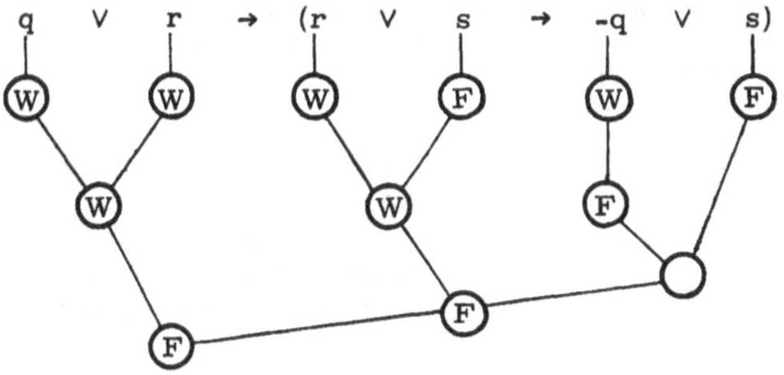

10

p	q	-p	-p → q	-q	-p ∧ -q	-p ∧ -q ↔ (-p → q)
W	W	F	W	F	F	F
W	F	F	W	W	F	F
F	W	W	W	F	F	F
F	F	W	F	W	W	F

11 (37a) T(a,y) ∧ T(y,b) → T(a,b)

12 (38a) (Ein Wort ist durch Lücken von andern getrennt und semantisch selbständig) oder allein zitierbar.

(38b) Ein Wort ist durch Lücken von andern getrennt und (semantisch selbständig oder allein zitierbar).

13 (i) In "P(*k,l*)" kann "P" nicht durch "∨" ersetzt werden, also etwa "*k* ∨ *l*", weil *k* und *l* Individuenkonstanten sind und als Argumente von "∨" keine Individuenkonstanten, sondern nur Sätze oder Satzfunktionen stehen können.

(ii) Setzen wir "$V(x_1, x_2)$" für x_1 *kommt in* x_2 *vor* und definieren dann: "P *(k,l)* " ⟺ "V(*k*, x) ∨ V(*l*, x)", so wäre "P(k, l)" auch wahr, wenn beide durch "∨" verbundenen Sätze wahr wären. Es soll aber bei der paradigmatischen Relation entweder *k* oder *l* stehen.

(iii) Es gibt neben *kaut* und *laut* auch *klaut*. Also stehen *k* und *l* auch in syntagmatischer Relation.

14 (63a) p → -(q ∧ p)

-(p ∧ q ∧ p)	(41a, 42, 45)
-(p ∧ q)	(54)
-p ∨ -q	(50)

(64a) p ↔ -q

(p → -q) ∧ (-q → p)	(51)
-(p ∧ q) ∧ -(-q ∧ -p)	(41a, 42)
(-p ∨ -q) ∧ (p ∨ q)	(50, 43)

15 (65a) -(p ∨ q)

-p ∧ -q	(49)
-p	(57)

16 Die logische Übersetzung lautet:

(66a) M(x) → Z(x)
Z(a)
______
M(a)

Da "P(x)" aussagt, daß das Prädikat "P" beliebigen Individuen zukommt, muß auch "P(a)" also die Behauptung für ein bestimmtes Individuum wahr sein, wenn "P(x)" wahr ist. Wir können deshalb den Unterschied der Argumente in den drei Zeilen von (66a) außer acht lassen und den Beweis auf die Form (66b) bringen:

(66b) p → q
q
____
p

Dieser Beweis wäre gültig, wenn es eine Implikation gäbe: "(p → q) ∧ q" ⇒ "p". Eine solche ist nicht unter den angegebenen Implikationen oder Äquivalenzen. Darum zeigen wir mittels einer Wahrheitstafel, daß die Verknüpfung "(p → q) ∧ q → p" nicht allgemeingültig ist:

p	q	p → q	(p → q) ∧ q	(p → q) ∧ q → p
W	W	W	W	W
W	F	F	F	W
F	W	W	W	F
F	F	W	F	W

Der Schluß wird trotzdem häufig gemacht, weil er verwechselt wird mit

$$\frac{\begin{array}{c}p \rightarrow q\\ p\end{array}}{q}$$

der gültig ist.

17 (78a) $-\exists x \forall y(S(x) \wedge Rd(y) \rightarrow K^2(x, y))$

18 (79a) $\exists x_1(Br(x_1, c) \wedge L(x_1) \wedge \forall x_2(Br(x_2, c) \rightarrow x_1 = x_2))$

Da in (79) mitgesagt wird, daß Churchill überhaupt und nur einen Bruder habe, genügt nicht als Übersetzung:

(79b) $\exists x_1(Br(x_1, c) \wedge L(x_1))$

19 (80aa) $\exists x SE(x)$

(80ba) $\forall x_1 \exists x_2 \exists x_3(T(x_1, x_2) \wedge T(x_2, x_3) \wedge S(x_3) \rightarrow T(x_1, x_3) \wedge S(x_3))$

(80ca) $\forall x_1 \exists x_2 (Pk(x_1) \rightarrow Pk(x_2) \wedge L(x_2, x_1))$

20 (81aa) $\exists x(P(x) \vee Q(x))$; $-\forall x-P(x) \vee -\forall x-Q(x)$

(81ba) $\forall x(P(x) \wedge Q(x))$; $-\exists x-P(x) \wedge -\exists x-Q(x)$

Die zweite und die vierte Satzverknüpfung können nicht weiter zusammengefaßt werden. Wollte man die zweite etwa zusammenfassen zu "$-\forall x(-P(x) \vee -Q(x))$", käme man mittels (50) zu "$-\forall x-(P(x) \wedge Q(x))$" und weiter mittels (71) zu "$\exists x(P(x) \wedge Q(x))$", was offensichtlich nicht mit der ersten Satzverknüpfung äquivalent ist.

21 (82a) $\exists x_1 \exists x_2(M(x_1) \wedge M(x_2) \wedge L(x_1) \wedge L(x_2) \wedge x_1 \neq x_2)$

Das deutsche Artikelwort *einige* kann nicht einfach durch den Existenzquantor übersetzt werden, da ein mit "$\exists x$" quantifizierter Satz schon bei der Existenz eines einzigen x wahr sein kann, dagegen *einige* mindestens zwei voraussetzt.

22 $M_1 = M_2 \neq M_3$, da 1 keine Primzahl ist.

23a $M_1 \neq M_2$, weil M_2 an Stelle der zwei Elemente *auf* und *gang* von M_1 nur das eine Element *aufgang* enthält.

b B = {*s*, i, f}. Da A sechs Elemente, B nur drei enthält, sind A und B nicht gleichmächtig.

24 M_1 = {*er,e,es,en*}, M_2 = {*en*}, M_3 = {*en*}, M_4 = {*en,e,es*}. $M_2 = M_3$. Außer M_2 und M_3 überlappen sich alle Paare, weil sie das gemeinsame Element *en* enthalten. Es gilt weiter $M_2 \subset M_1$, $M_3 \subset M_1$, $M_4 \subset M_1$, $M_2 \subset M_4$, $M_3 \subset M_4$.

25 Die Menge A der im angegebenen Kontext möglichen Elemente ist beschreibbar durch A = {*schöne, schlechte, weit verbreitete, sehr schöne, sehr weit verbreitete, ...* }

Eine solche Menge entspricht aus zwei Gründen nicht der Wortart "Adjektiv":

(i) Sie enthält Elemente, die aus mehreren Wörtern bestehen, von denen welche als Adverb klassifiziert würden,

(ii) Selbst wenn die Elemente einzelne Wörter sind, bestehen sie immer aus Adjektiv z.B. *schön* und Flexionsmorphem z.B. *e*.

26 N - M = { *Ø,ern,s,n* }. *Morphem* ist nur für die Ausdrucksseite der Zeichen gebraucht oder sogar zur Lösung der Aufgabe nur für die graphische Darstellung mittels lat. Buchstaben. Nach einem andern Morphembegriff würde man etwa das Nominalmorphem *e* in *die Hunde* und *dem Hunde* unterscheiden, da sie verschiedene Bedeutungen haben.

27 (100a) $(M_1 \cup M_2) \cup M_3 = \{x \mid (x \in M_1 \vee x \in M_2) \vee x \in M_3\}$
$= \{x \mid x \in M_1 \vee (x \in M_2 \vee x \in M_3)\}$ nach (46)
$= M_1 \cup (M_2 \cup M_3) = M_1 \cup M_2 \cup M_3$ nach (93), (46)
(101a) $(M_1 \cup M_2) \cap M_3 = \{x \mid (x \in M_1 \vee x \in M_2) \wedge x \in M_3\}$
$= \{x \mid (x \in M_1 \wedge x \in M_3) \vee (x \in M_2 \wedge x \in M_3)\}$ nach (48)
$= (M_1 \cap M_3) \cup (M_2 \cap M_3)$ nach (93), (94)

28 "$D \subset G \wedge G \subset J$" $\Rightarrow$ "$D \subset J$"
"$\forall x(x \in D \rightarrow x \in G) \wedge \forall x(x \in G \rightarrow x \in J)$" $\Rightarrow$ "$\forall x(x \in D \rightarrow x \in J)$" nach (87)
Das ist nach (54) gültig.

29 "$DO(M_1, M_2)$" $\Leftrightarrow$ "$M_1 \cap M_2 = \emptyset$"
"$AO(M_1, M_2)$" $\Leftrightarrow$ "$M_1 \cap M_2 \neq \emptyset \wedge M_1 \neq M_2$"

30 Die allgemeine Form einer Deklinationsform (DF) ist:
$DF = N \times M$, wobei $M = K_1 \cup K_2 \cup K_3 \cup K_4$.
Nach Kasus geordnete DF sind: $N \times K_1$, $N \times K_2$, $N \times K_3$. Die umgekehrte Reihenfolge z.B. $K_1 \times N$ ergäbe falsche Formen wie *ermänn* statt *männer*. Mögliche Paare sind: *(haus,e)*, *(kind,e)* *(kind,er)*, *(kühn,ern)*, ...

31 "ist Kind von" = "K", "ist Urenkel" = "K|K|K".
Für "K|K|K" schreibt man auch kürzer K^3, was nicht mit der im Skript üblichen Angabe der Stellzahl zu verwechseln ist.

32 Leider kann ich Ihre Beispiele nicht nachprüfen.
(i) *schlägt* = Kn *wird geschlagen*,
(ii) *geht voran* = Kn *folgt nach*,
(iii) *erinnert sich an* = Kn *ist erinnerlich*.

33 *ist Präsident von* ist voreindeutig, irreflexiv, asymmetrisch und intransitiv; *ist Nachfolger von* ist asymmetrisch, transitiv, mehrmehrdeutig und reflexiv; *ist verbunden mit* ist transitiv, reflexiv, mehrmehrdeutig und symmetrisch.

34 "K" ist reflexiv, z.B. *messer* mit K(*s*,*s*). "K" ist symmetrisch. "K" ist intransitiv. Dagegen wäre die Nachbarschaftsrelation ohne den Zusatz *direkt* transitiv. Denn in *messer* ist *m* Nachbar von *e* und *e* Nachbar von *s*, aber auch *m* (indirekter) Nachbar von *s*. "K" ist nicht eineindeutig, da jeder Buchstabe einen rechten und einen linken Nachbar hat, wobei die Lücke auch als Buchstabe des lateinischen Alphabets angesehen ist. Dagegen wäre eine Relation "L", die definiert ist durch *ist direkter linker Nachbar von*, eineindeutig wegen
$L(x_1, x_2) \wedge L(x_3, x_2) \Rightarrow x_1 = x_2$ und
$L(x_1, x_2) \wedge L(x_1, x_3) \Rightarrow x_2 = x_3$.

35 Die Abbildung ist nicht eineindeutig, was zu erheblichen Schwierigkeiten bei der Rechtschreibung führt: f(F) = *v* und f(F) = *f*, z.B. *viel*, *fiel*; f(*c*) = K, f(*c*) = TS, f(*c*) = $\emptyset$, z.B. *Creme*, *cirka*, *hacke*.

36 X_3 wäre kein Kode, weil er keine eineindeutige Abbildung ermöglichen würde, z.B. könnte f(*c*) = 10, aber auch f(*ba*) = 10 sein.
f(*d*) = +-, f(*e*) = ++-, f(*j*) = +++-, f(*r*) = ++++-;
Beispiele: ++ +- + + - +- + + -; + + + - + + - + - + + - + + ++-;+ - + + - ++++-.
Das Alphabet des Morsekodes enthält nicht wie das von X_5 nur zwei Zeichen, sondern drei: "lang", "kurz" und "$\emptyset$".

37

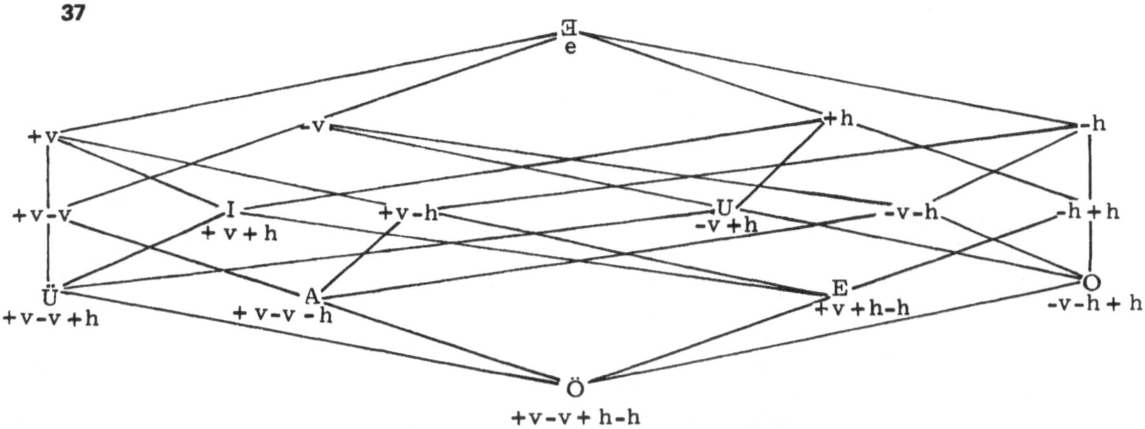

38 *hsk* ist keine Unterkette. Die Nullkette dient in unsrer Rechtschreibung der Worttrennung, genauer: sie steht vor jedem Wortanfang, da z.B. hinter Wortenden öfter Satzzeichen stehen.
39 "$p_1 \wedge p_2 \rightarrow q$" ist kein Ausdruck, weil "q" nicht als Atom und "$\wedge$" nicht als Verknüpfungszeichen vorkommt und weil die äußeren Klammern fehlen. "$(p_1 \rightarrow (-k_1)) \rightarrow p_2$" ist kein Ausdruck, weil bei "$-k_1$" keine Klammern vorgesehen sind und weil die äußersten Klammern fehlen. "$((p_1 \rightarrow --k_1) \rightarrow k_2)$" ist ein Ausdruck. "-" darf mehrmals hintereinander ausgeführt werden.
40 Man muß nacheinander anwenden: (R1), (R2), (R3), (R2).
41 Ich kann hier keine optimale Lösung geben. Verbessern könnte man z.B. (4), indem man auch einen Algorithmus für das Aufsuchen des Wortes auf der betreffenden Seite angibt, oder (3), indem man eine Bremse einbaut, so daß man nicht das ganze Wörterbuch nach vorn durchblättert über den Anfangsbuchstaben des zu suchenden Wortes hinaus, oder (2), indem man sofort die Alternative einbezieht, daß man vor- oder zurückschlagen muß, je nachdem, ob der zweite Buchstabe des Wortes im Alphabet vor oder hinter dem zweiten Buchstaben des Wortes links oben auf der betreffenden Seite kommt.
42 Wir setzen $p = a_1$, $t = a_2$, $k = a_3$; $f = b_1$, $th = b_2$, $h = b_3$.

$A = \{Z_o, Z_1, Z_2, \ldots, Z_n, a_1, a_2, a_3\}$
$B = \{Z_o, Z_1, Z_2, \ldots, Z_n, b_1, b_2, b_3\}$

LV besteht aus folgenden Quadrupeln:

$q_1\ Z_o\ L\ q_2$ (1)
$q_2\ a_i\ b_i\ q_2$ (2)
$q_2\ b_1\ L\ q_2$ (3)
$q_2\ Z_i\ L\ q_2$ (4)
$q_2\ Z_o\ L\ q_2$ (5)

Das Ende kann durch ein besonderes Zeichen markiert werden.
43 (i) *erzieherisch, Anfängertum, Zerlegbarkeit*:

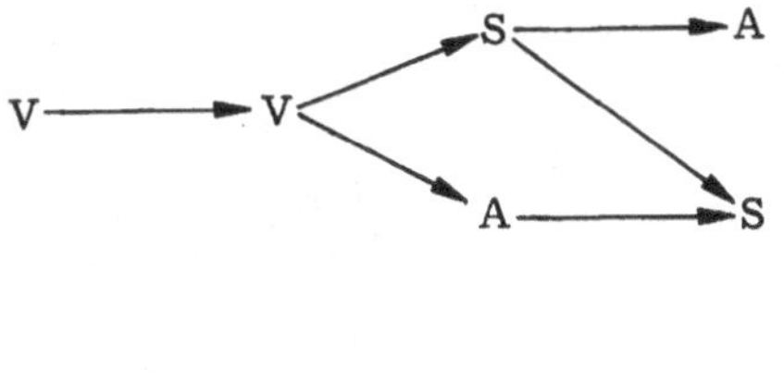

(ii) *Versumpfung, Belästigung:*

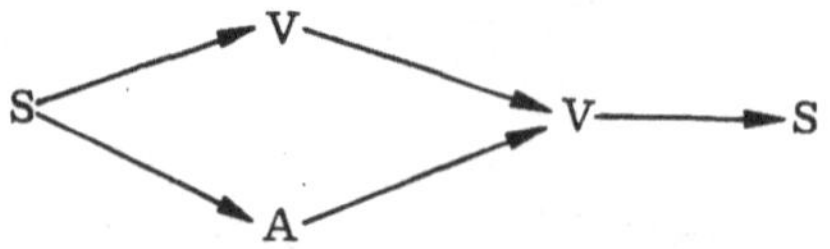

In Fällen, wo mehrmals die gleiche Kategorie hintereinander vorkommt, kann man nicht die Darstellung durch eine Schlinge wählen, etwa statt

(i)

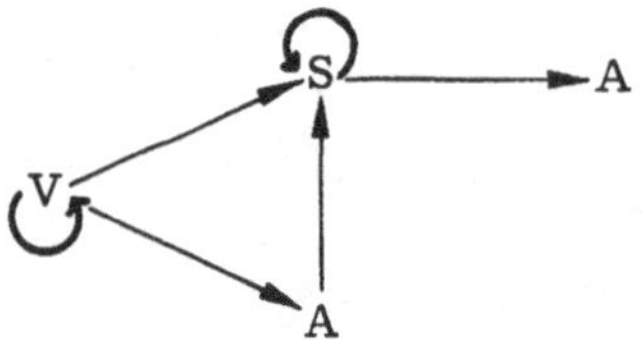

weil dann die Zahl der Durchläufe nicht begrenzt wäre. Im Deutschen gibt es aber diese Begrenzung.

44 (a) und (c). (b) verstößt gegen (148), (d) gegen (146) und (e) gegen (147).

45 (i) ist generierbar, ist aber kein akzeptabler deutscher Satz. (ii) ist generierbar. (iii) ist wegen der Reihenfolge nicht generierbar. Eine Herleitung für (ii) wäre identisch mit (139), nur daß in Regel 5-7 andre Moneme ausgewählt würden.

46

$$X_1 \rightarrow X_2X_4X_6$$
$$X_1 \rightarrow X_2X_4X_6X_7$$
$$X_1 \rightarrow X_3X_6$$
$$X_1 \rightarrow X_3X_5X_6$$
$$X_1 \rightarrow X_3X_6X_7$$
$$X_1 \rightarrow X_3X_5X_6X_7$$

47

$$X_1 \rightarrow X_2 \left\{ \begin{matrix} X_3 & X_6 \\ X_4 & \left\{ \begin{matrix} X_6 \\ X_7 \end{matrix} \right\} \end{matrix} \right\}$$

48 (i) Generierbar sind z.B. 260, 221, 3321. Grundsätzlich nur Zahlen mit 1, 0 oder 5 am Ende. Nicht generierbar sind z.B. 100, 500, 1651.
(ii) Generierbar ist nur 3325.

49 (i) S

Pr⁀Präd⁀Pp	(1)
keiner⁀Präd⁀Pp	(4)
keiner⁀V⁀Vm⁀Pp	(2)
keiner⁀*klag*⁀Vm⁀Pp	(5)
keiner⁀*klag*⁀*te*⁀⁀Pp	(6)
keiner⁀*klag*⁀*te*⁀⁀Präp⁀Ar⁀Akk⁀Ad⁀Akk⁀N	(3)
keiner⁀*klag*⁀*te*⁀*über*⁀*ein*⁀*en*⁀*dick*⁀*en*⁀*Berg*	(7, 8, 12, 9, 12, 10)

(ii)

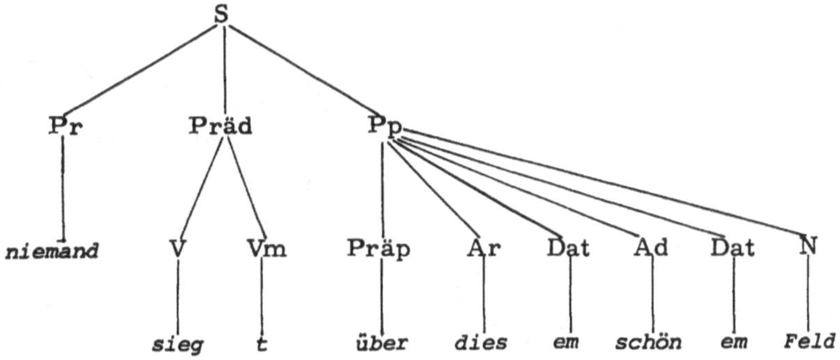

Der Satz (ii) ist abweichend, weil das Adjektiv nach dem *dies-* Artikel ein anderes Flexionsmorphem *(en)* haben müßte.

(iii)

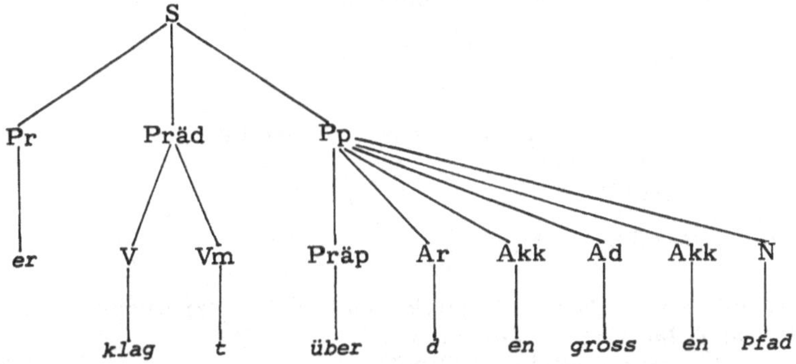

Da die Grammatik nur in (3) eine Alternative zuläßt, unterscheiden sich die generierten Sätze kaum in ihrer Struktur. Es können aber mehr als zwei Sätze durch die Auswahlmöglichkeiten im Lexikon generiert werden.

50 $s \rightarrow asb$
$a \rightarrow c(d)$
$s \rightarrow x$

Durch die Schleife von s können beliebig lange Ketten erzeugt werden. Sie sind alle links durch "c" und rechts durch "b" begrenzt.

51 $G \rightarrow S_1S_2S_3S_4S_5$
$S_1 \rightarrow Z_{11}Z_{21}Z_{31}Z_{41}Z_{51}$
$Z_{11} \rightarrow$ *die Himmel wehen*
$Z_{21} \rightarrow N_1Z_{31}$
$Z_{51} \rightarrow z\,N_{21}$
$Z_{31} \rightarrow$ *marschiert*
$Z_{41} \rightarrow$ *auf*
$z \rightarrow$ *tausend*
$N_1 \rightarrow$ *Blut*
$N_{21} \rightarrow$ *Füssen*

$S_2 \rightarrow Z_{11}Z_{22}Z_{32}Z_{41}Z_{52}$
$Z_{22} \rightarrow N_1Z_{32}$
$Z_{32} \rightarrow$ Präf *stürmt*
Präf $\rightarrow$ *zer*
$Z_{52} \rightarrow z\,N_{22}$
$N_{22} \rightarrow$ *Schneiden*

$S_3 \rightarrow Z_{11}Z_{23}Z_{33}Z_{43}Z_{53}$
$Z_{23} \rightarrow N_1Z_{33}$
$Z_{33} \rightarrow$ Präf *rinnt*

$Z_{53} \rightarrow$ z N_{23}
$Z_{43} \rightarrow$ *in*
$N_{23} \rightarrow$ *Fäden*

$S_4 \rightarrow Z_{11}Z_{24}Z_{34}Z_{43}Z_{54}$
$Z_{24} \rightarrow N_1 Z_{34}$
$Z_{34} \rightarrow$ Präf *siegt*
$Z_{54} \rightarrow$ z N_{24}

$N_{24} \rightarrow$ *Scharten*

$S_5 \rightarrow Z_{11}Z_{25}Z_{35}Z_{45}Z_{55}$
$Z_{25} \rightarrow N_1 Z_{35}$
$Z_{35} \rightarrow$ Präf *schläft*
$Z_{45} \rightarrow$ *zu*
$Z_{55} \rightarrow$ z N_{25}
$N_{25} \rightarrow$ *Toden*

Die allgemeine Struktur einer Strophe ohne Lexikon ist:

(A) $S_i \rightarrow Z_{11}Z_{2i}Z_{3i}Z_{4i}Z_{5i}$
$Z_{2i} \rightarrow N_1 Z_{3i}$
$Z_{3i} \rightarrow$ Präf X_i Ausnahme S_1, wo Präf = $\emptyset$
$Z_{5i} \rightarrow$ z N_{3i}

Nehmen wir als variable Lexikonelemente an:

$X_6 \rightarrow$ *platzt*
$Z_{46} \rightarrow$ *bei*
$N_{26} \rightarrow$ *Graden*

Wir können dann mittels (A) folgende Strophe dazugenerieren:

Die Himmel wehen
Blut zerplatzt
zerplatzt
bei tausend Graden

Vielleicht müßte auch $Z_{46} = Z_{45}$ sein, weil nach jeder ungeradzahligen Strophe in der nächsten Z_{4i} wiederholt wird.
Eine weitere Strophe generiert (A) mit:

$X_7 \rightarrow$ *rottet*
$X_{47} \rightarrow$ *nach*
$N_{27} \rightarrow$ *Kriegen*

52 (B) $X_1 \rightarrow X_2X_3$ (1)
$X_2 \rightarrow (X_4)X_5$ (2)
$X_3 \rightarrow X_6X_7$ (3)
$X_7 \rightarrow X_8X_9$ (4)
$X_4 \rightarrow$ *der* (5)
$X_5 \rightarrow$ *Hans, Michel* (6)
$X_6 \rightarrow$ *kenn, sieh* (7)
$X_8 \rightarrow$ *t* (8)
$X_9 \rightarrow$ *das, Heidelberg* (9)

Die gleiche Sprache erzeugen:

(N) $X_1 \rightarrow (X_4)X_5X_6X_8X_9$
weiter (5) - (9) von (B)

(T) $X_1 \rightarrow X_2X_3X_9$

$X_2 \rightarrow (X_4)X_5$
$X_3 \rightarrow X_6X_8$
weiter (5) - (9) von (B)

53 Nom $\rightarrow X_1 \left\{ \begin{matrix} X_2 \\ X_3 \end{matrix} \right\}$
X_1 $\rightarrow$ *die Untersuchung*
X_2 $\rightarrow$ *des Arztes, ...*
X_3 $\rightarrow$ *des Arztes, ...*

Durch diese Grammatik würde das fragliche Nominale auf zweierlei Weise generiert, so daß die beiden Graphen als Grundlage verschiedener semantischer Beschreibungen benutzt werden könnten.

54 [1a] $[Y_1, Y_{11}/Y_{12}/Y_{13}]$
[2a] $[Y_{11}, Y_{21} + Y_{22} + Y_{23}]$
[3a] $[Y_{12}, Y_{31} + Y_{32}]$
[4a] $[Y_{21}, Y_{211}/Y_{212}/Y_{213}]$

Man braucht keine neuen Hilfszeichen einzuführen, weil die angegebenen PS-Regeln sehr ungewöhnlich geschrieben sind. Meistens würde man z.B. die ersten drei so schreiben:

$$Y_1 \rightarrow \left\{ \begin{matrix} Y_{21} + Y_{22}(+Y_{23}) \\ Y_{31} + Y_{32} \end{matrix} \right\}$$

Dann hätte man die Zeichen Y_{11}, Y_{12}, Y_{13} eingespart, was natürlich nur von Vorteil ist, wenn man sie in der weiteren Beschreibung nicht braucht. Eine präzise Übersetzung ist nicht möglich, weil (i) das Pluszeichen in [2a], [3a] kommutativ ist, nicht aber in [2] und [3]. So könnte [3a] auch rückübersetzt werden in

[3b] $Y_{12} \rightarrow Y_{32} + Y_{31}$

Das ist aber nicht mit [3] äquivalent.
(ii) in [2a] und [3a] alle Hilfszeichen fakultativ sind, in [2] alle und in [3] alle außer Y_{23} obligatorisch sind. So würde also [3a] auch einen Graphen zulassen wie

[3] aber nur

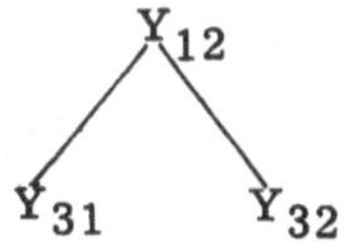

55 (4a) [NOMi, ARj + ARMjik + ADJ + AMjik + Nl + NMikl]

AR1 { *dies, jen, ...* } AR2 { *ein, kein, ...* } AR3 {∅}

ARM111	{ *er, e es* }	ARM112	{ *e* }
ARM121	{ *es, er* }	ARM122	{ *er* }
ARM131	{ *em, er* }	ARM132	{ *en* }
ARM141	{ *en, e, es* }	ARM142	{ *e* }

ARM211 {Ø, *e*}
ARM221 {*es, er*}
ARM231 {*em, er*}
ARM241 {*en, e,Ø*}

AM111 {*e*}
AM121 {*en*}
AM131 {*en*}
AM141 {*en, e,*}

AM211 {*er, e, es*}
AM221 {*en*}
AM231 {*en*}
AM241 {*en, e, es*}

N1 {*Tisch, Schaf, ...*}
N2 {*Wald, Leib, Brett, ...*}
N3 {*Garten, ...*}
N4 {*Uhu, Hurra, ...*}

N5 {*Lehrer, Kloster, ...*}

N6 {*Trûbsal, Kraft, ...*}

N11.1 {Ø}
N21.1 {*es*}
N31.1 {(*e*)}
N41.1 {Ø}

N11.2 {Ø}
N21.2 {*es*}
N31.2 {(*e*)}
N41.2 {Ø}

N11.3 {Ø}
N21.3 {*s*}
N31.3 {Ø}
N41.3 {Ø}

N11.4 {Ø}
N21.4 {*s*}
N31.4 {Ø}
N41.4 {Ø}

N11.5 {Ø}
N21.5 {*s*}
N31.5 {Ø}
N41.5 {Ø}

N11.6 {Ø}
N21.6 {Ø}
N31.6 {Ø}
N41.6 {Ø}

N11.7 {Ø}
N21.7 {Ø}
N31.7 {Ø}
N41.7 {Ø}

N11.8 {Ø}
N21.8 {Ø}

ARM212 {*e*}
ARM222 {*er*}
ARM232 {*en*}
ARM242 {*e*}

AM112 {*en*}
AM122 {*en*}
AM132 {*en*}
AM142 {*en*}

AM212 {*en*}
AM222 {*en*}
AM232 {*en*}
AM242 {*en*}

N7 {*Mutter, ...*}
N8 {*Mutti, ...*}
N9 {*Mensch, Hase, ...*}
N10 {*Frau, Gabe, ...*}

N11 {*Stadt, See, ...*}

N12.1 {*e*}
N22.1 {*e*}
N32.1 {*en*}
N42.1 {*e*}

N12.2 {*er*}
N22.2 {*er*}
N32.2 {*ern*}
N42.2 {*er*}

N12.3 {Ø}
N22.3 {Ø}
N32.3 {Ø}
N42.3 {Ø}

N12.4 {*s*}
N22.4 {*s*}
N32.4 {*s*}
N42.4 {*s*}

N12.5 {Ø}
N22.5 {Ø}
N32.5 {*n*}
N42.5 {Ø}

N12.6 {*e*}
N22.6 {*e*}
N32.6 {*en*}
N42.6 {*e*}

N12.7 {Ø}
N22.7 {Ø}
N32.7 {*n*}
N42.7 {Ø}

N12.8 {*s*}
N22.8 {*s*}

N31.8	{∅}	N32.8	{s}
N41.8	{∅}	N42.8	{s}
N11.9	{∅}	N12.9	{en}
N21.9	{en}	N22.9	{en}
N31.9	{en}	N32.9	{en}
N41.9	{en}	N42.9	{en}
N11.10	{∅}	N12.10	{en}
N21.10	{∅}	N22.10	{en}
N31.10	{∅}	N32.10	{en}
N41.10	{∅}	N42.10	{en}
N11.11	{∅}	N12.11	{e}
N21.11	{∅}	N22.11	{e}
N31.11	{∅}	N32.11	{en}
N41.11	{∅}	N42.11	{e}

Durch einen weiteren Index bei N und NM könnte man auch die Genuskongruenz einführen.

56 (4b) [NOM_i, AR + ... + NM_i + NOM_4 + NOM_5 + NOM_i]

Dabei steht NOM_4 für Genitiv-, NOM_5 für Präpositionalattribute. NOM_i steht für Attribute im gleichen Kasus, sog. Appositionen. Ein Beispiel für ein Nominale mit allen Attributen nach (4b) wäre: *das Verlangen eines Mannes nach Bier vor seiner Hochzeit, ein selbstverständliches Verlangen.*

57

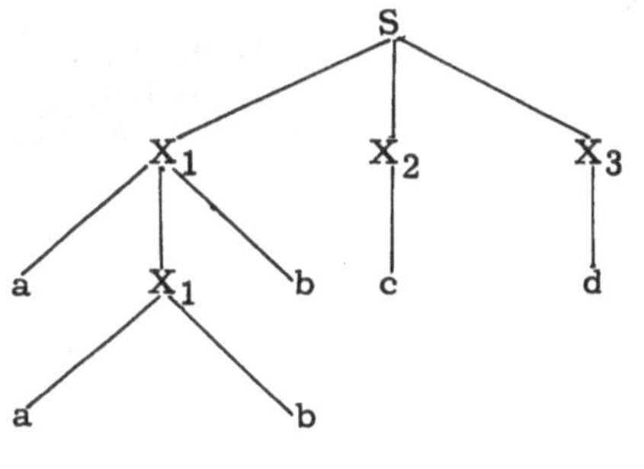

58

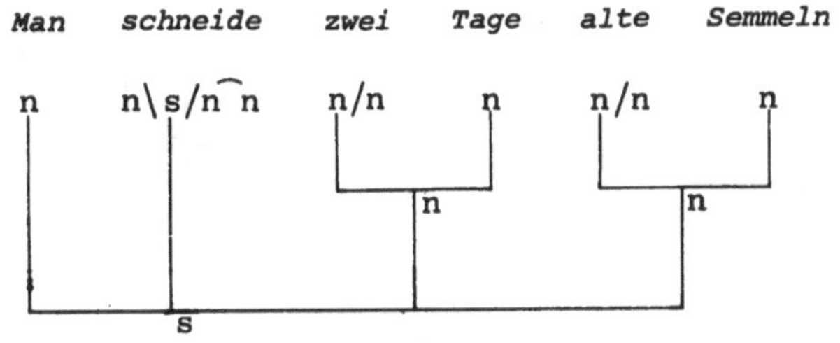

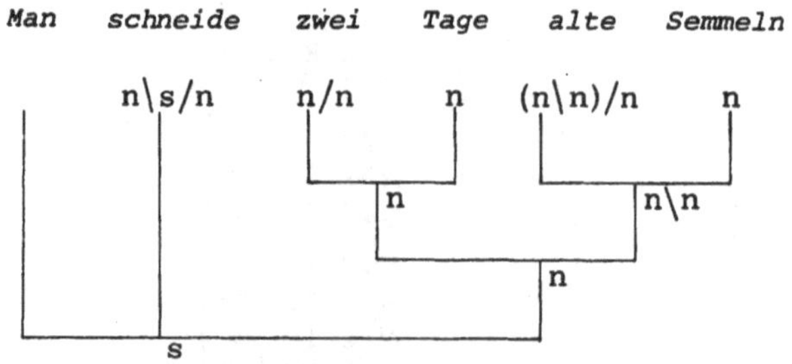

59 Man ordnet *die* x/n, *alten* n/n, *alte* n/n und *Tage* n zu.
Dann kann man

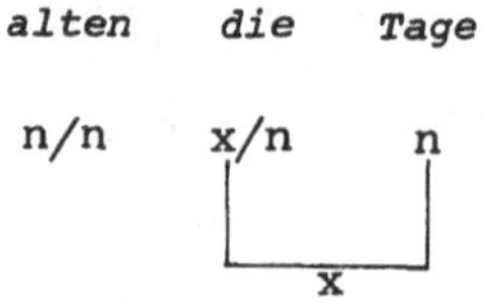

nicht mehr weiter kürzen. Allerdings ist das Ergebnis der zugelassenen Kürzungen bei *alte Tage* n und sonst x, was für spätere Kürzungen (evtl. zu s) von Nachteil sein könnte.

60 Wir nehmen an $D(k_3, k_2) \wedge -D(k_2, k_3)$.
Dann folgt, daß $k_1k_2k_4$ keine zugelassene Kette ist, da k_2 nicht ohne k_3 vorkommen kann. Zwischen k_2 und k_4 besteht nur indirekte Dependenz. Sie würde sich im Graphen so darstellen, daß k_4 und k_2 nicht benachbarte Knoten wären:

(182a)

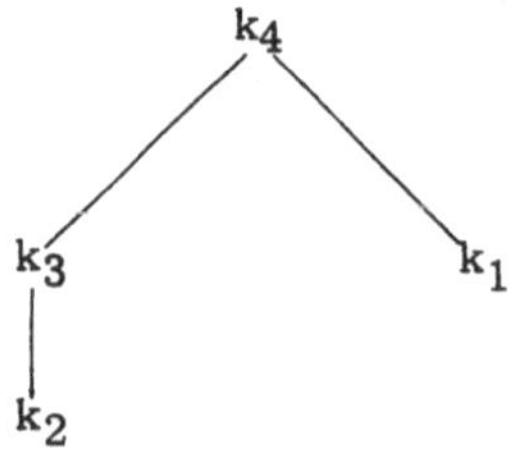

61

$X_i \Rightarrow N1, N2$		(1)
$X_i \Rightarrow N1, D$		(2)
$X_i \Rightarrow D, N2$		(3)
$X_i \Rightarrow D, D$		(4)
$D \Rightarrow X_i$		(5)
$N1 \Rightarrow Art1$		(6)
$N2 \Rightarrow Art2$		(7)

62 (1) $X_i(N1, *, N2)$

(2) X_i(N1,*,D)
(3) X_i(D,*,N2)
(4) X_i(D,*,D)
(5) D(*,X_i)
(6) N1(Ar1,*)
(7) N2(Ar2,*)
(8) X_i { *sieht, ärgert, weiss, ...* }
(9) N1 { *Mann, Maus, Katze, ...* }
(10) N2 { *Mann, Maus, Katze, ...* }
(11) Art1 { *die, der, ...* }
(12) Art2 { *die, den, ...* }
(13) D { *dass* }

63 (i) $A_2((A_3),*,(A_5))$
(ii) $A_3(A_1,*,A_4)$

64 (1)

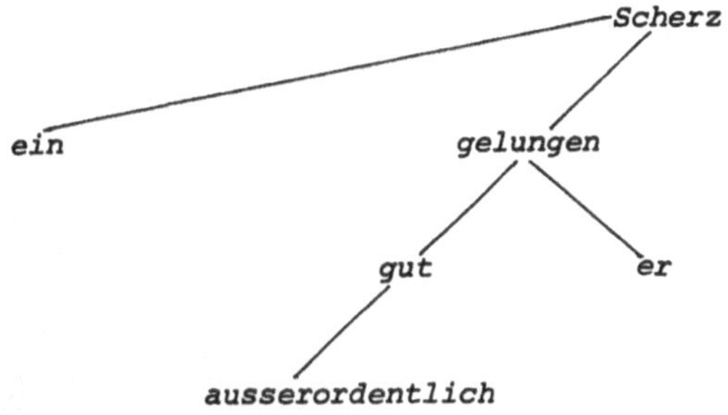

(2)

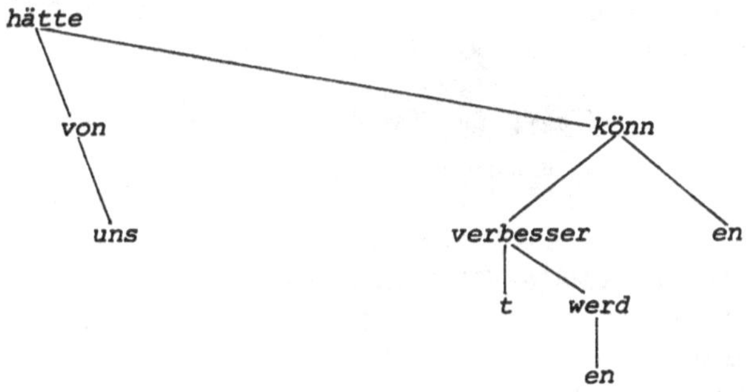

(3)

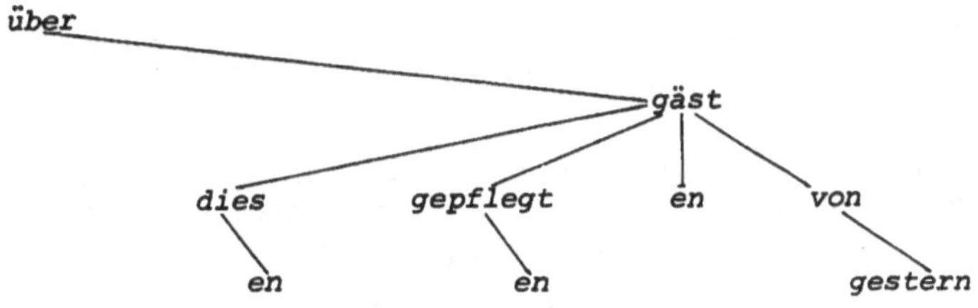

Alle drei Graphen sind projektiv. Allerdings ist in (2) die Abhängigkeit von *von uns* fraglich.

65 (194a)

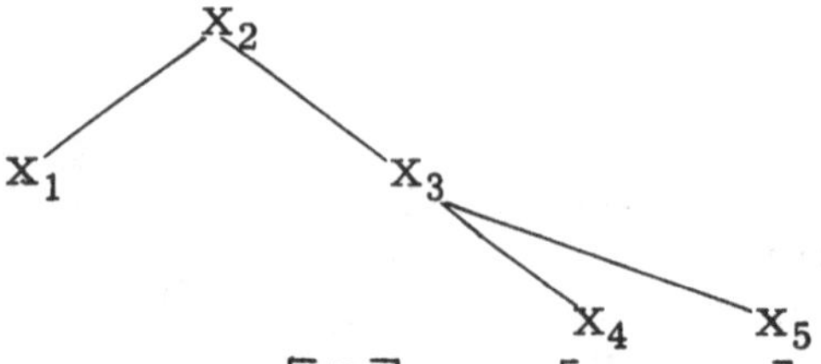

66 (PSG66) $S \rightarrow EN^\frown V^\frown \begin{bmatrix} ADV \\ AD \\ A \end{bmatrix}{}^\frown ADJ^\frown \begin{bmatrix} - \\ \begin{Bmatrix} ID1 \\ KM^\frown ID2 \end{Bmatrix} \end{bmatrix}{}^\frown EN$

EN → *Paul, Emil*
V → *ist*
ADV → *sehr, so*
AD → *so*
A → *viel*
ADJ → *gross, klein*
ID1 → *wie*
KM → (Umlaut +) *er*
ID2 → *als*

(TFG66) $S \rightarrow EN^\frown V^\frown (^\frown AV)^\frown ADJ$

$AV \rightarrow \begin{Bmatrix} ADV \\ AD \\ (A)^\frown Komp \end{Bmatrix}$

$Komp \rightarrow (Umlaut^\frown)\ er^\frown als$

Lexikonregeln weiter wie (PSG66)

$AD^\frown ADJ \Rightarrow AD^\frown ADJ^\frown wie^\frown EN$

$Komp^\frown ADJ \Rightarrow ADJ^\frown Komp^\frown EN$

67a (1a) $E_1+V+VM+E_2 \Rightarrow E_2+V+VM+E_1$

(3a) $AR+ARM+ADJ+AM+N+NM+NOM_4 \Rightarrow NOM_4+ADJ+AM+N+NM$

b (5a) $E_1+V+VM+E_2+PT \Rightarrow E_2+V+VM+E_1+PT$

(5b) $ES_1+V+VM+E_2+PT \Rightarrow E_2+V+VM+ES_1+PT$

(5c) $E_1+V+VM+ES_2+PT \Rightarrow E_1+V+VM+PT+ES_2$ obligatorisch

68 U = {+hinten, +hoch, +vok.}, O = {+vok., +hinten, +mittel}, A = {-hoch, +vok.}, E = {+vok., -hinten}, I = {+vok., -hinten, +hoch}.

69 Sei m_1 = hoch, m_2 = hinten, m_3 = niedrig, m_4 = vorn, m_5 = koronal, m_6 = gespannt, m_7 = dauernd, m_8 = nasal, m_9 = weicher Abglitt.

$/p/ = \{-m_1, -m_2, -m_3, +m_4, -m_5, +m_6, -m_7, -m_8, -m_9\}$

$/t/ = \{-m_1, -m_2, -m_3, +m_4, +m_5, +m_6, -m_7, -m_8, -m_9\}$

$/k/ = \{+m_1, +m_2, -m_3, -m_4, -m_5, +m_6, -m_7, -m_8, -m_9\}$
$/m/ = \{-m_1, -m_2, -m_3, +m_4, -m_5, -m_6, -m_7, +m_8, -m_9\}$
$/n/ = \{-m_1, -m_2, -m_3, +m_4, +m_5, -m_6, -m_7, +m_8, -m_9\}$
$/\eta/ = \{+m_1, +m_2, -m_3, -m_4, -m_5, -m_6, -m_7, +m_8, -m_9\}$

$/p/ - /m/ = \{+m_6, -m_8\}$, $/m/ - /p/ = \{-m_6, +m_8\}$
$/t/ - /n/ = \{+m_6, -m_8\}$, $/n/ - /t/ = \{-m_6, +m_8\}$
$/k/ - /\eta/ = \{+m_6, -m_8\}$, $/\eta/ - /k/ = \{-m_6, +m_8\}$
$/p/ - /m/ = /t/ - /n/ = /k/ - /\eta/$
$/m/ - /p/ = /n/ - /t/ = /\eta/ - /k/$

Also XO(/p/, /m/) ~ XO(/t/, /n/) ~ XO(/k/, /ŋ/), was man auch folgendermaßen darstellen kann:

P T K
M N ŋ

70 (F, M)

71 T, K, F u.a.

72 /x/ und /ç/ stehen in komplementärer Verteilung:
/x/ nach dunklen Vokalen und /ç/ nach hellen Vokalen und Konsonanten L, R, N (*manch* usw.).

73 Zugelassen sind: XK∅, XP∅, XT∅. Man nennt diese Erscheinung Auslautverhärtung.

74 [-vok, +kons, +verschluß, +stimmhaft, ...] → [-vok, +kons, +verschluß, -stimmhaft, ...] /__ #

75 [+vok, -kons, -hoch, -hinten, +Alt, ...] → [+vok, -kons, +hoch, -hinten, ...] /__ X + [+Alt]

Auf die Ausgabe von (239) kann diese Regel nicht angewendet werden, weil jene nicht das Merkmal [+Alt] enthält. Dies beschreibt die Tatsache, daß z.B. umgelautete A nicht noch einmal mit I alternieren.

LITERATUR

*M.A.Arbib, Theories of Abstract Automata, Englewood Cliffs (N.J.) 1969.
E.Bach, An Introduction to Transformational Grammars, New York 1964.
*Y.Bar-Hillel, Language and Information, Reading (Mass.) 1964
J.Bechert u.a., Einführung in die generative Transformationsgrammatik, München 1970.
I.M.Bochenski-A. Menne, Grundriß der Logistik, Paderborn [3]1965.
R.Carnap, Einführung in die symbolische Logik, Wien [2]1960.
*N.Chomsky, On the Notion "Rule of Grammar", in: The Structure of Language, J.A.Fodor-J.J.Katz (eds) Englewood Cliffs (N.J.) 1964, 119-136.
N.Chomsky, Aspekte der Syntax-Theorie, Frankfurt/M. 1969.
M.Gross - A.Lentin, Introduction to Formal Grammars, Heidelberg 1970.
P.R.Halmos, Naive Set Theory, Princeton 1960.
D.G.Hays, Dependency Theory: A Formalism and Some Observations, in: Language 40 (1964), 511-525.
*D.Hilbert - W.Ackermann, Grundzüge der theoretischen Logik, Heidelberg [5]1967.
*D.Hilbert - P.Bernays, Grundlagen der Mathematik I, Heidelberg [2]1968.
A.Koutsoudas, Writing Transformational Grammars, New York 1966.
J.Lyons, Introduction to Theoretical Linguistics, Cambridge 1968.
S.Marcus, Introduction mathématique à la linguistique structurale, Paris 1967.
*E.Mendelson, Introduction to Mathematical Logic, New York 1964.
*R.J.Nelson, Introduction to Automata, New York 1968.
*W.V.O.Quine, Methods of Logic, London [2]1958.
H.Reichenbach, Elements of Symbolic Logic, New York 1966.
N.Ruwet, Introduction à la grammaire générative, Paris 1968.
*J.Schmidt, Mengenlehre, Bd.1, Mannheim 1966.
W.Stegmüller, Probleme und Resultate der Wissenschaftstheorie und Analytischen Philosophie, Heidelberg 1969.
A.Tarski, Einführung in die mathematische Logik, Göttingen 1966.
*K.Wagner, Graphentheorie, Mannheim 1970.

* kennzeichnet schwierige Arbeiten